유압 필터와 어큐뮬레이터 기술

Hydraulic Filter & Accumulator Technology

이재천 · 김동규 · 김석찬 편저

도서출판
학산미디어

머리말

유압설비의 운전 조건을 최상의 상태로 유지하여 장비의 생산성을 최고로 올려 공장의 수익성을 올리기 위한 여러 가지 기법이 발전되어 왔다. 과거 사후보전에서부터 예방보전, 계획보전, 선행보전, 생산보전, 보전예방 기법 등 다양한 기법이 적용되었고 최근에는 전사적 TPM(종합적 생산보전)을 통하여 설비의 라이프사이클을 바탕으로 종합 관리 시스템을 수립하여 전직원이 참여하여 진행하는 생산보전을 추진해 나가는 단계에 이르게 되었다.

이러한 생산 및 보전활동의 근간이 되는 주요 유압 부품의 기술적인 면을 이해하는 것은 생산과 보전을 위해 필수적인 것이다.

유압윤활설비의 고장은 70~80%가 오염도와 관련하여 비롯되는데 이러한 문제를 제거하고, 부품과 장비의 수명과 신뢰성을 향상시키되 가장 경제적으로 이러한 목적을 달성하기 위해서는 필터관리에 대한 체계적인 지식 습득이 필요하다. 어큐뮤레이터(축압기)는 유압에너지를 축적하는 압력용기로서 정전이나 사고 등으로 동력공급이 중단될 경우 유압장치의 기능을 정상적으로 유지시켜 주며 유압회로의 밸브 개폐시 발생하는 압력 노이즈를 보상하여 주는 역할을 한다. 또 유압 펌프에서 발생하는 유체의 맥동을 흡수하여 소음과 진동을 해소시켜주는 등 다양한 기능을 한다.

이처럼 유압의 핵심 부품인 필터와 어큐뮤레이터에 대한 전문적인 자료가 국내에 드문 상황에서 이 분야의 최고 수준의 기술자료를 하이닥코리아와 계명대 이재천 교수가 상호 협력하여 국내에 소개하게 되었다.

하이닥은 1963년 독일에서 어큐뮬레이터 생산부터 시작하여 지금은 유압 기기의 주요 부품, 전기 전자 제어부품 및 관련 시스템까지 앞선 독일의 기술을 적용한 최고 품질의 제품을 세계 각국의 자회사들을 통하여 공급하여 기계 공업의 발전에 이바지하고 있는 회사로서 하이닥 코리아는 이러한 선진 기술을 국내에 보급하는데도 힘쓰고 있다.

부디 현장의 많은 엔지니어들이 이 책을 통하여 필요한 지식을 습득하여 유압 설비 운용과 관리에 크게 도움이 되기를 바란다.

2016년 8월 편저자 일동

Contents

I. 필터 기술의 소개

Ⅱ. 어큐뮬레이터 기술의 소개

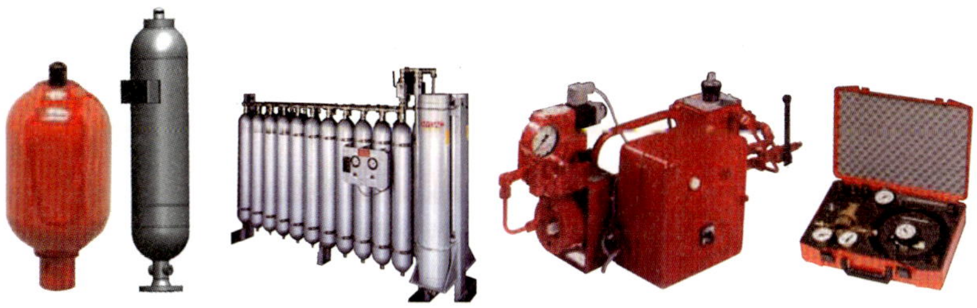

I

Introduction to Filter Technology

필터 기술의 소개

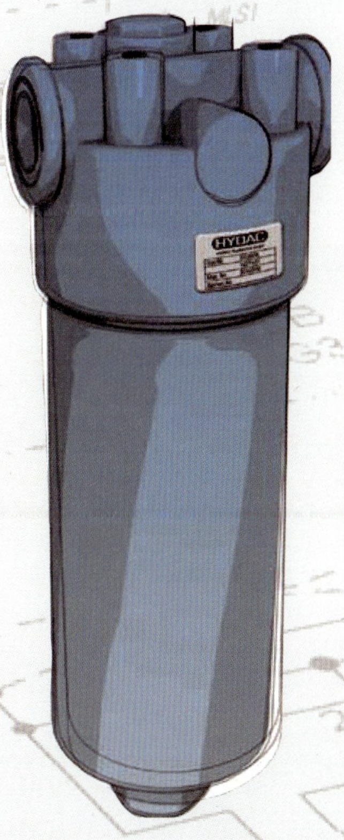

Contents

1 서론

Introduction to Filter Technology

윤활 및 유압 시스템의 전체 고장 중 70%는 유체와 관련되어 있다. 이는 유체가 유압장치에서 중요한 역할을 함을 의미한다. 오일을 보다 깨끗이 하고, 외부영향(오염, 고체, 유체, 가스 및 이들의 혼합물)을 잘 차단할수록 유압장치는 더 효과적이며 경제적으로 작동될 수 있다.

필터장치가 매우 중요한 이유는??

여과에 대한 최적 해법을 찾는 것은 오염으로 인한 손상을 피하고, 설비작동시간을 증가시켜 생산성을 높이기 위한 필수 단계이다.
유압기술개발의 최근 동향은 본질적으로 더 빠르고 정밀한 밸브 전환과 관련된다. 유압시스템의 운전 압력이 증가함에도 불구하고 펌프, 밸브, 구동장치의 오일 누유는 점점 더 감소하는 추세이다. 이와 같은 누유의 감소는 유압부품의 밸브 간극을 최소화 함으로서 얻을 수 있다. 결과적으로 유압부품의 관리와 원활한 유체작동을 위해 청정도에 관한 더 높은 요구조건과 표준이 제정되고 있다
이는 특히 모든 비례 밸브 및 서보 밸브에 적용된다. 모든 유체의 순도(청정도)는 아주 높아야 하며 유압부품의 모든 제조사는 부품을 영구적으로 사용할 수 있는 청정도를 명시해야만 한다.
경제성과 유압 윤활 시스템의 효율을 고려하여 유체의 특성에 직접 영향을 끼치는 요인을 고려한다면 관리 포인트는 명확하다. 냉각, 지속적인 온라인 감시, 종합적인 여과개념이야 말로 전 시스템의 효율적인 운영과 운전 신뢰성을 보증하는 것이다. 냉각, 여과, 오일진단 이 세가지가 운전비용을 절감하는데 있어 결정적인 역할을 한다는 의미이다.

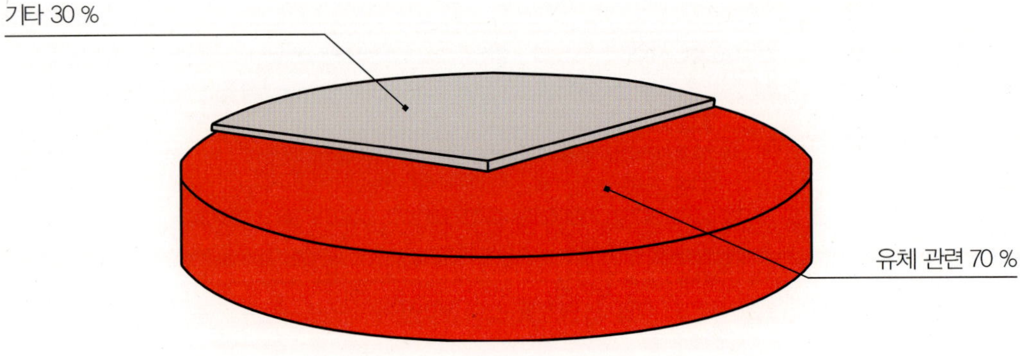

그림 | 유압 및 윤활 장치의 고장 원인

Notes

2 오염 유형

아래 그림은 기체, 액체 및 고체 유형의 오염의 분류와 유압 시스템에 미치는 영향을 보여준다.

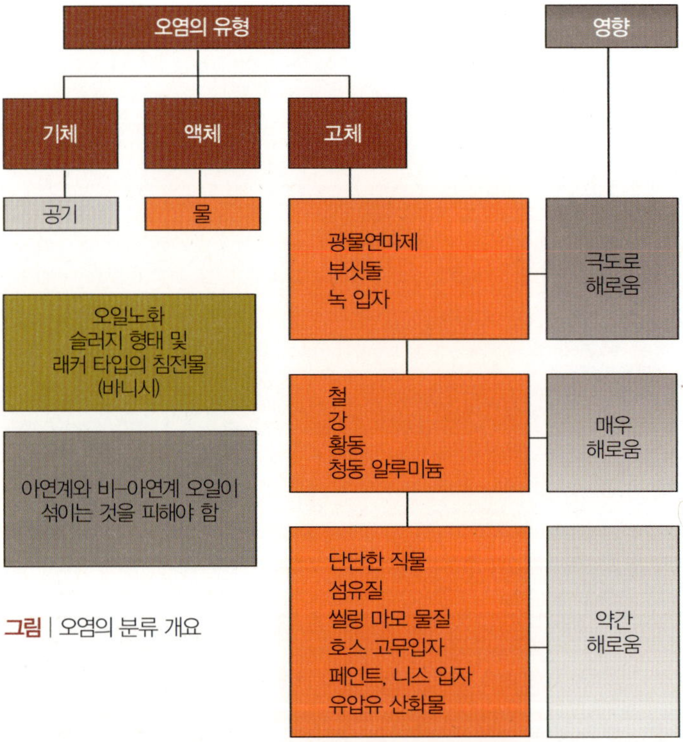

그림 | 오염의 분류 개요

2.1 공기에 의한 오염

윤활 및 유압 유체는 공기의 일정량과 결합될 수 있다 (대략 9%). 이와 같은 공기의 자연발생적 오염은 윤활 및 유압 기계에 거의 영향을 미치지 않는다. 그러나, 만약 오일이 이미 오래되었거나 다른 오일이 섞였다면, 탱크에서의 체류 시간은 오일로부터 공기가 분리되는 데 부족하다. 만약 더 많은 공기가 유체에 섞이면, 시스템의 효율은 줄어든다. 공기는 유체보다 20,000배 더 압축될 수 있기 때문에, 유체의 부피가 변한다. 펌프가 작동할 때, 공기는 유체의 압축으로 체적이 감소된다. 공기 기포가 압축됨에 따라 이른바 "마이크로 디젤 효과"가 아주 빈번히 발생한다. 이와 같은 현상은 압력이 급히 증가하는 예를 들어 펌프에서 발생한다. 결과적으로 유체의 단열압축이 초래되고 온도가 증가한다. 일단 온도가 상승하여 유체의 발화점에 도달되면, 불길이 형성되고 공기 기포 주변의 유체가 연소된다. 공기 기포는 산소가 충분하지 못하므로 연소 과정은 불완전하다. 그을음이 발생하고, 유체는 검게 변하며 슬러지가 형성된다. 유체가 산화되면 유체내의 입자와 결합되고 슬러지의 형성을 촉진시킴으로써 필터 수명을 감소시킨다. 오일은 탄 냄새가 난다. 그러므로 산화 잔해는 시급히 제거되어야 한다.

▸ 원인

- 시스템 내의 누유(대부분 흡입 및 리턴 라인)
- 펌프에 의한 공기 흡입
- 탱크 내부의 난류
- 부품 구조 결함(즉, 탱크의 유체 레벨보다 높은 위치의 리턴라인 배유구)
- 기어 펌프 톱니바퀴의 영향
- 오일 내 수분
- 첨가제 사용
- 서로 다른 타입의 유종이 혼유
- 실리콘을 포함한 물질과의 섞임
- 공기 방출 용량의 부정확한 계산으로 인해 탱크에서 불충분한 오일 체류시간
- 유체 레벨보다 높은 귀환
- 탱크 크기의 결정

▸ 결과

- 공동현상(케비테이션)
- 거품생성
- 필터 수명 단축
- 유체 온도 증가

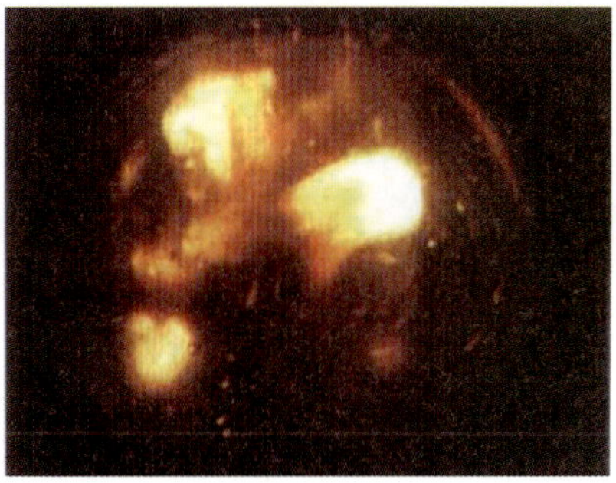

그림 | 마이크로 디젤 효과에 의한 공기거품의 자연 발화

그림 | 탱크속에 불완전하고 잘못된 필터 엘레멘트 설치로 인한 유압유의 공기 오염

그림 | 공기에 오염된 유체

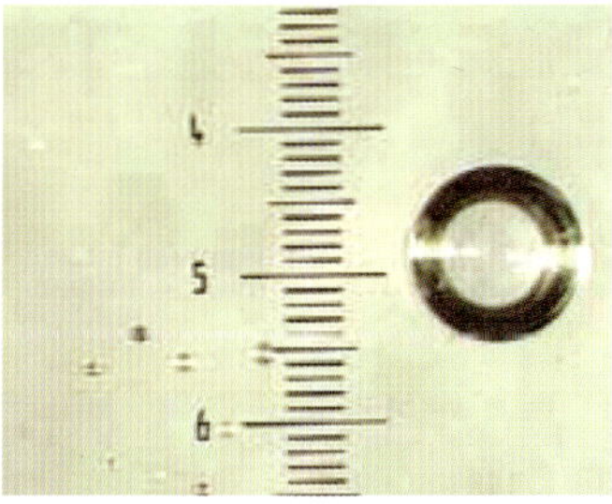

그림 | 오일 분석

그림 | 유압 탱크 내 기포 형태 (탱크 내 유체 기포)

▸ 손상 유형

- 전달 가능 에너지의 손실
- 펌프 성능 저하와 조기 고장
- 펌프로부터의 큰 소음
- 윤활 능력 감소
- 운전 온도 증가
- 탱크 내 유체 기포 발생
- 화학 반응
- "부드러운" 유압장치(작동유의 압축성 증가), 압력 쿠션으로 인한 위험한 움직임
- 오일 및 부품의 교환 주기•단축
- 필터 엘레멘트의 눈막힘
- 필터 하우징의 영구적 여과
- 니스(바니시) 형성

▸ 예방적 조치

- 시스템의 공기빼기
- 탱크의 오일 레벨보다 낮은 위치에 흡입 펌프 설치
- 원활하고 정확한 유체 흐름를 위한 흡입라인, 리턴 라인 설치 및 탱크 설계
- 탱크 내에서의 유체의 충분한 체류시간(탱크 가스 제거를 보장하기 위함)
- "가스 방출율"을 증가시킬 수 있는 탱크의 설계(예. 유압 순환 시스템에 가스를 제거할 수 있는 크고 기울어진 격판)
- 유압 관로의 적절한 설치(U자 곡선 형태를 피함)
- 서로 다른 유종의 혼유 방지

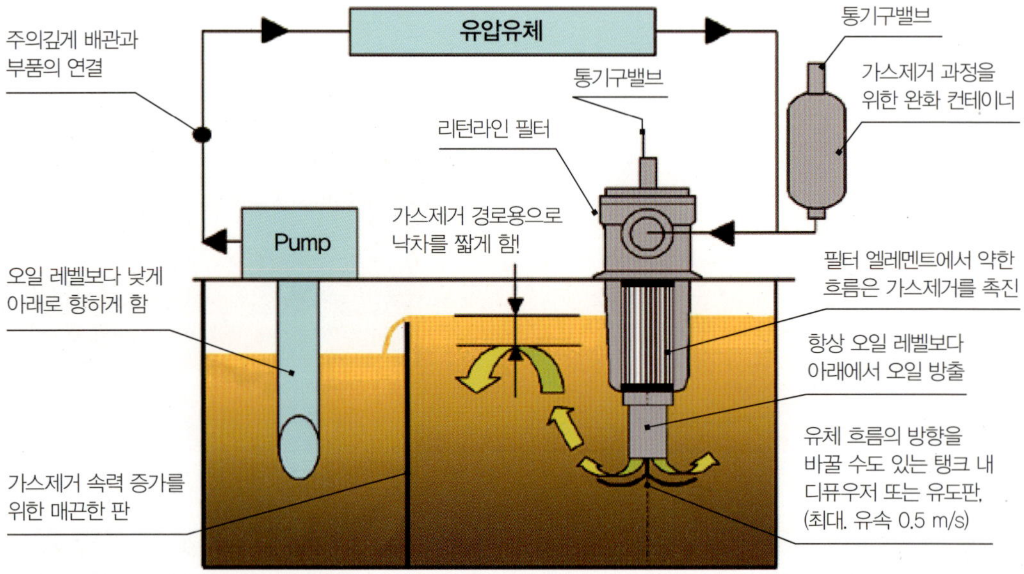

그림 | 윤활유와 유압유의 가스제거

그림 | 플라스틱 탱크 해결책

▸ 여과기술

공기에 의한 오염을 다루는 여과 기술은 별로 많지 않음

▸ 포함내용

- 진공 증발건조
- 바이패스 라인에서 합체 엘레멘트(coalescer)

혼입된 공기로 인한 오일 노화물은 오프라인용 장치에 의해 효과적으로 제거될 수 있음(타입 OLF, IXU, FAM).

2.2 수분에 의한 오염

고체 입자와 수분은 유체 시스템에서 가장 위험한 타입의 오염이다. 광유계, 합성유계 모두 수분 포화도와 만나는 온도가 있다. 만약 포화점을 초과하면 자유수(유화수)가 발생한다. 대표적인 포화점은: 유압유 – 300 ppm(0.03%), 윤활유 – 400 ppm(0.04%) 그리고 빠른 바이오-분해 가능한 유체(합성 에스테르) – 1000 ppm(0.1%)이다.

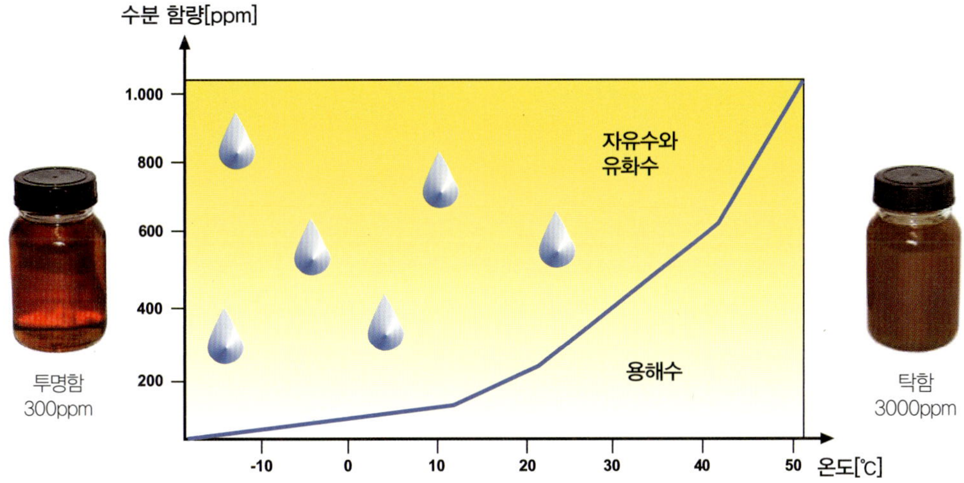

그림 | 유압유에서의 수분 포화도

표 | 대표적인 수분 포화도 : 100ppm = 0.01%

	평균수분량	온도에서의 포화 비율(%)
광유계 유압유	100 ppm	15~30%에서 40℃
광유계 윤활유	100~200 ppm	20~35%에서 40℃
폴리글리콜	2000~4000 ppm	20~35%에서 40℃
바이오 오일(HEES/HETG)	500~800 ppm	20~35%에서 40℃

유체에 함유된 첨가제는 자유수와 반응하여 산화물, 산성 슬러지와 수지가 형성된다. 빙점 이하에서 시스템이 작동된다면 자유수는 얼음 결정이 될 수 있다. 발생된 얼음 결정은 시스템 전체를 위태롭게 할 수 있고, 고장으로 이어진다. 유압유 내 수분함량은 0.12%(1200 ppm)를 초과하면 안된다. 0.06%(600 ppm)의 이상의 수분이 함유되면 오일 정화 장치를 사용하여야 한다(FAM, Aquamicron© elements).

▸ 원인

- 피스톤 로드 씰의 노화
- 탱크 주입구 개방
- 급격한 온도 변동에 따른 수분의 응결
- 열 교환기에서의 누수
- 부적절한 유압장치의 세정(예. 스팀청소시 통기구 필터를 지나 스팀이 탱크 안으로 들어갈 수 있음)

▸ 손상 유형

- 금속부의 부식(탱크 안쪽 벽, 유체 샘플에서 녹 발견 가능)
- 마멸 마모의 증가
- 베어링 손상
- 첨가제 파손
- 오일 점도 변화
- 슬러지 형성
- 바니시의 형성

▸ 예방방법 – 유압 탱크 설계

자유수는 유압유나 윤활유보다 무거우므로 탱크의 바닥에 가라앉는다. 만약 탱크와 탱크바닥이 적절히 설계되었다면, 탱크 바닥에 고인 자유수는 배출 밸브를 열어 제거한다. 탱크 내에 난류유동이 없거나 장치가 여러 날 동안 가동되지 않았으면 가능하다.

2.3 고형물에 의한 오염

▸ 오염의 근원 및 확대

- 배관이나 부품에 내장된 오염(예. 밸브, 유체, 실린더, 펌프, 탱크, 유압 모터, 호스, 파이프) – 부품 청결이 중요
- 시스템의 조립, 개방, 운전, 유체 관련 시스템 장애가 발생하는 동안 오염 초래됨

▸ 외부 상황에 의한 오염

- 탱크 통기
- 실린더, 씰링 부품, 가스켓과 워셔
- 보수 기간 동안 시스템으로 유입된 오염
- 시스템 설치 또는 시스템 분해 과정
- 시스템 개방 시
- 오일을 다시 채울 때

아래의 그림은 가능한 오염 원인을 보여준다 :

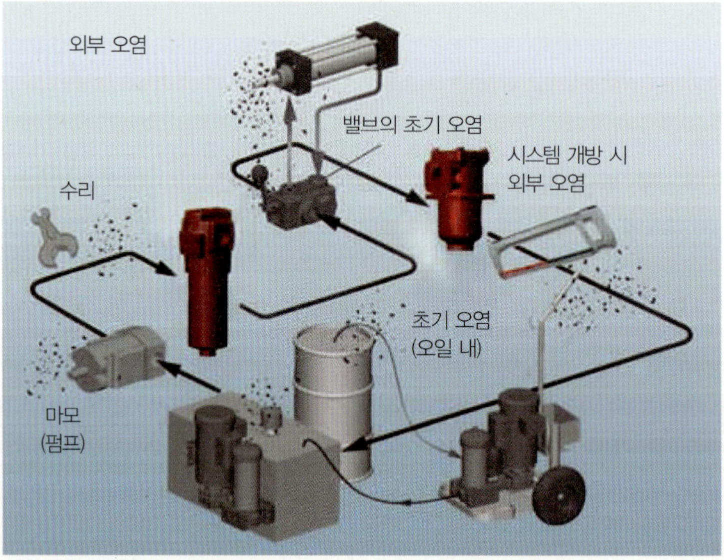

그림 | 오염의 근원

만약 유압 및 윤활유의 고형 입자 오염으로 인해 가장 핵심적인 부품이 손상된다면 시스템 고장이 초래된다. 고체 입자에 의한 오염의 증가는 점차적으로 설비의 효율을 떨어뜨린다. 부품 손상의 강도는 오염물질의 종류, 작동 초과 압력, 입자의 형상(둥글거나 각진), 입자의 크기와 개수에 달려있다. 입자가 단단할수록 부품에 가해지는 손상은 더 광범위해지고 더 높은 초과압력이 생기면 단단한 입자는 윤활면의 간극(틈새)에 삽입된다. 이 고체입자들의 대부분은 30 μm보다 작고 맨눈으로 식별할 수 없다는 것을 명심해야 한다. 즉 청결해 보이는 유체가 심하게 오염되었을 수 있다는 사실을 의미한다.

아래에서 대표적인 입자의 크기를 찾을 수 있다 :

물질	입자크기
소금 알갱이	100 μm
머리카락	75 μm
가시성의 한계범위	30 μm

물질	입자크기
고운 밀가루	25 μm
적혈구	8 μm
박테리아	2 μm

유압시스템 사용 소비자들은 더 작고 가볍고 튼튼한 부품을 요구하고 있으며, 이에 따라 간극(윤활 틈새) 은 점점 더 작아지고 있다.

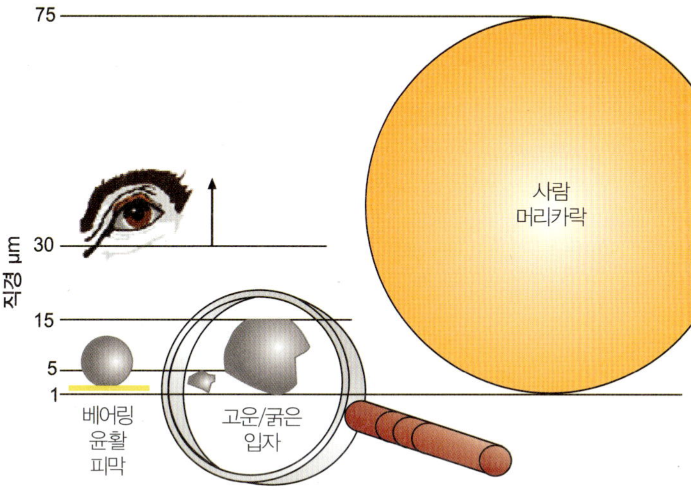

그림 | 입자 크기

아래에서 대표적인 오리피스 크기를 찾을 수 있다 :

유압 부품	오리피스
서 마찰 베어링	0.5 μm
베인 펌프(베인 선단/외부 링)	0.5~1 μm
기어 펌프(기어 바퀴/측면 판)	0.5~5 μm
서보 밸브(피스톤/보어 구멍)	1~4 μm
유정압 베어링	1~25 μm

유압 부품	오리피스
피스톤 펌프 (피스톤/실린더 보어 구멍)	5~40 μm
서보 밸브(플래퍼)	18~63 μm
유압 실린더(간극)	50~250 μm
서보 밸브(노즐)	130~450 μm

특히 문제를 야기하는 것은 그 오염물의 크기가 간극과 정확하게 일치하는 매우 견고한 먼지 입자들이다. 이것들은 부품의 표면을 긁어내고(마모) 상당히 빨리 부품에 손상을 입힌다. 이 과정을 거치면서 많은 입자들이 부품 표면에서 탈리되고 또 큰 입자는 작은 입자가 되어 유체를 더욱 오염시킨다. 그 결과 장치 내부의 오염물 입자의 농도가 높아진다.

▸ **결과**

- 누유 증가
- 피스톤 교착
- 밸브 전환 시간의 현저한 변화
- 펌프의 유량 감소
- 오리피스와 노즐 막힘
- 전환의 정밀도 저하

여떤 종류의 마모가 있으며, 그 결과는 무엇인가?

▸ 마멸(abrasion)

앞 뒤로 움직이는 표면 사이의 입자들에 의해 발생

▸ 침식(erosion)

입자와 높은 유속에 의해 발생

▸ 부식(corrosion)

수분(녹이 슨 부품) 또는 화학물질(유체의 노화)이 원인

▸ 점착(adhesion)

금속 부품 사이의 마찰이 원인(유체 손실)

▸ 공동현상(cavitation)

매우 민감하고 부서지기 쉬운 부품 면이 서로 접촉(유체의 부족)

▸ 표면피로(fatigue)

먼지 입자에 의해 손상된 면에 반복적으로 부하가 걸려 생기는 피로현상

Notes

3 고체 입자 오염의 분류 - 유체의 청정도

유체는 얼마나 깨끗해야 하나?

유압유의 요구 순도(청정도)는 유압 기계와 그 부품의 설계에 따라 정해진다. 유체가 청정할수록 부품의 수명은 길어진다.

비례 밸브나 서보 밸브와 같이 오염에 민감하고 손상되기 쉬운 부품은 특히 높은 청정도가 요구된다. 만약 청정도가 원하는 수준으로 항상 유지된다면, 밸브, 펌프 및 모터 같은 부품에 가해지는 손상을 피할 수 있다. 수명은 연장되고 운영비가 절감된다. 유체의 청정도를 측정하는 여러 가지 계측 기술이 있다. 이번 장은 서로 다른 청정도 분류 시스템을 소개하고, 청정도 등급에 관해 간단히 설명한다.

어떻게 등급을 나누는가?

윤활 및 유압 유체의 고체입자 오염 분류는 **ISO 4406/1999**에 따른다.(크기와 개수에 따르며 재질에 따른 것이 아님.)

▸ 그밖에도 여러 등급 규격들이 있다.

- NAS 1638(철회됨, 신규 시스템에는 적용하지 않음)
- DIN ISO 4406/1999
- CETOP RP 70 H
- SAE AS 4059
- SAE 749 D
- MIL STD 1246 A

유체 청정도 등급을 조사하기 위해서 100 mℓ 유체에 함유되어 있는 고형물 입자를 측정한다. 크기와 개수에 따라 분류하고, 입자 범위를 세분화한다.

입자 계산 방식에 따라, 2 또는 3가지 범위 :

입자 계산	입자크기		
자동 입자 계수기	> 4μm(c)	> 6μm(c)	> 14μm(c)
현미경 계수	–	> 5μm	> 15μm

현미경 또는 전자 입자 계수기로 측정한다. 전자 입자 계수기로 계측한 것이 현미경으로 측정한 것과 비교하여 더 객관적이다. 약 30 mg/ℓ 이상의 오염되었거나 유체가 매우 탁할 때, 오염 등급은 오염 입자의 무게로 나타낼 수(중량법) 있다. 중량법은 개별 오염 입자로는 등급을 매기지 않는다.

ISO 코드는 규격 비교표를 이용하여 다른 규격과 호환된다. 입자 크기 범위 당 최대 입자 개수가 코드로 나타난다. 전자 입자 계수기로 측정된 오일 청정도 등급은 위의 표처럼 3자리 수의 조합으로 표시된다. 예. 21/18/15; 입자를 현미경으로 계수한다면, 2자리수로 표시된다. 예. 18/15.

▸ 중량측정 효과

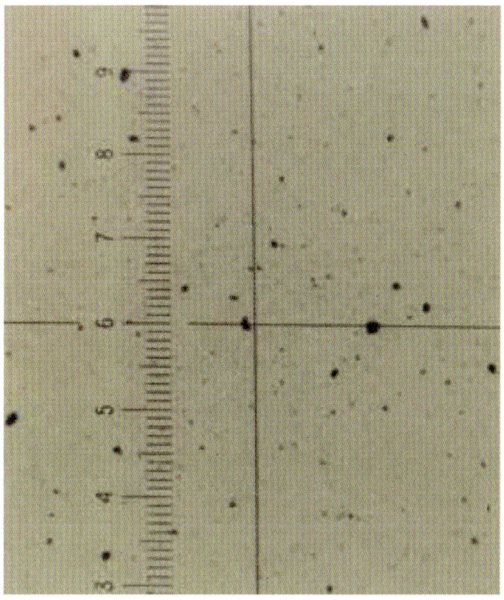

그림 | 대표적 오염 – 등급 21/19/16

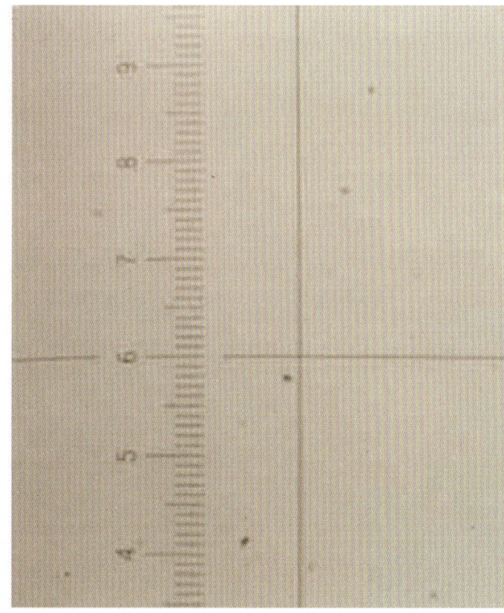

그림 | 대표적 청정– 등급 17/15/12

3.1 ISO 4406/99에 따른 오염 등급

ISO 코드(참고. ISO 4406)	입자 수/100 mℓ	
	from	to
0	0.5	1
1	1	2
2	2	4
3	4	8
4	8	16
5	16	32
6	32	64
7	64	130
8	130	250
0	250	500
10	500	1000
11	1000	2000
12	2000	4000
13	4000	8000
14	8000	16000
15	16000	32000
16	32000	64000
17	64000	130000
18	130000	250000
19	250000	500000
20	500000	1000000
21	1000000	2000000
22	2000000	4000000
23	4000000	8000000
24	8000000	16000000
25	16000000	32000000
26	32000000	64000000
27	64000000	130000000
28	130000000	250000000

▸ 측정방법

⋯▸ 전자 입자 계수기

21 / 18 / 15

> 4 μm(c) > 6 μm(c) > 14 μm(c)

⋯▸ 현미경 측정

□ / 18 / 15

> 5 μm > 15 μm

3.2 대표적인 청정도

청정도 ISO 4406/99	> 4 μm(c)		> 6 μm(c)		> 14 μm(c)		오염	부품 수명
	입자 개수/100 mℓ							
	이상	이하	이상	이하	이상	이하		
23/21/19	4,000,000	8,000,000	1,000,000	2,000,000	250.00	500.00	심하게 오염; 윤활 시스템에 적합하지 않음	수명의 절반
22/20/17	2,000,000	4,000,000	500.00	1,000,000	64.00	130.00		
21/19/16	1,000,000	2,000,000	260.00	500.00	32.00	64.00	평균 오염; 표준 상용 가용한 신규 오일	0.75x수명
20/18/15	500.00	1,000,000	130.00	260.00	16.00	32.00		
19/17/15	260.00	500.00	64.00	130.00	8.00	16.00		
18/16/13	130.00	260.00	32.00	64.00	4.00	8.00	약간 오염됨	대표적인 수명
17/15/12	64.00	130.00	16.00	32.00	2.00	4.00		
16/14/11	32.00	64.00	8.00	16.00	1.00	2.00	청결	1.5x 수명
15/13/10	16.00	32.00	4.00	8.00	500	1.00		
14/12/9	8.00	16.00	2.00	4.00	250	500	매우 청결	수명 2배

▸ **대표적인 청정도 :**

- 신유. 참고 DIN 51524 21/19/16
- 일반적인 기어 윤활 19/17/15
- 일반 유압장치 17/15/12
- 비례 밸브 16/14/11
- 서보 밸브 15/13/10

윤활 및 유압 부품을 위한 청정도 요구조건 :

윤활 및 유압 시스템에 요구되는 청정도 등급은 오염에 가장 민감한 부품에 의해 결정된다. 대부분의 윤활 부품, 고정 및 이동식 유압 시스템은 제품이 요구하는 유체 청정도 요구조건을 명시한다. 심하게 오염된 유체는 부품 수명을 단축할 수 있다. 그러므로 각각의 제조사와 상담하고 유체의 청정도에 관한 추천서를 요청할 것을 조언한다. 품질 보증요구를 하는 경우, 이 정보에 따라 거부될 수 있다.

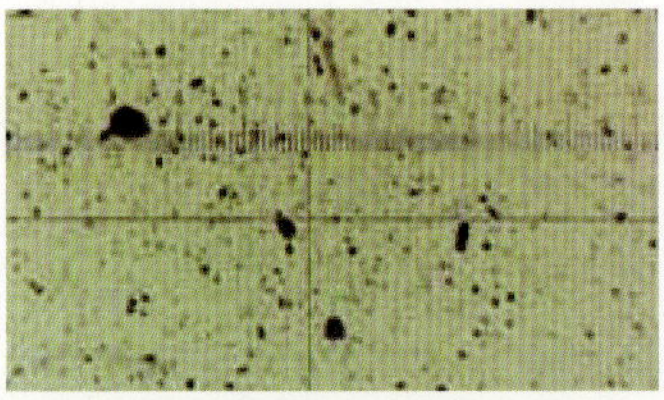
드럼의 신유

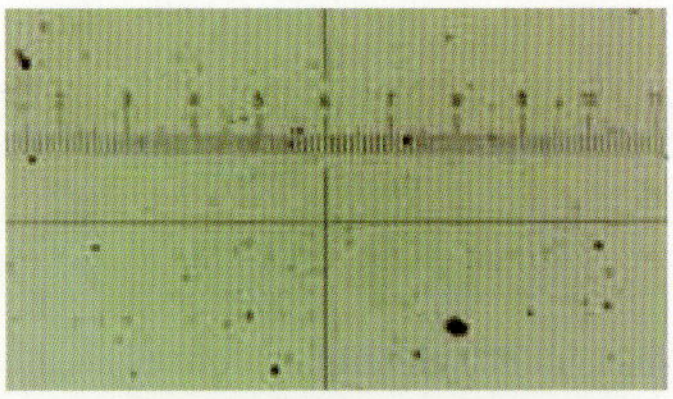
탱커로 공급되는 신유

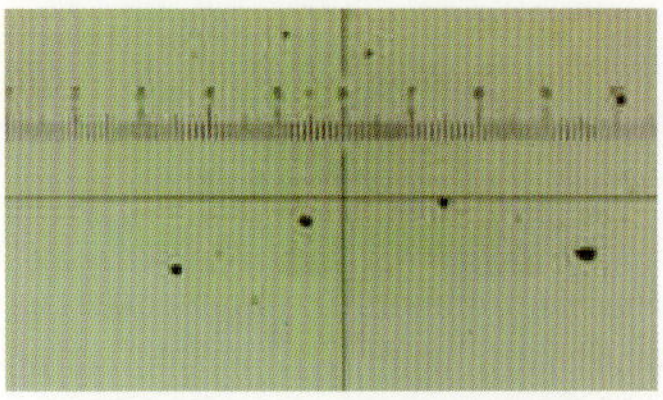
매우 작은 용기로 공급되는 신유

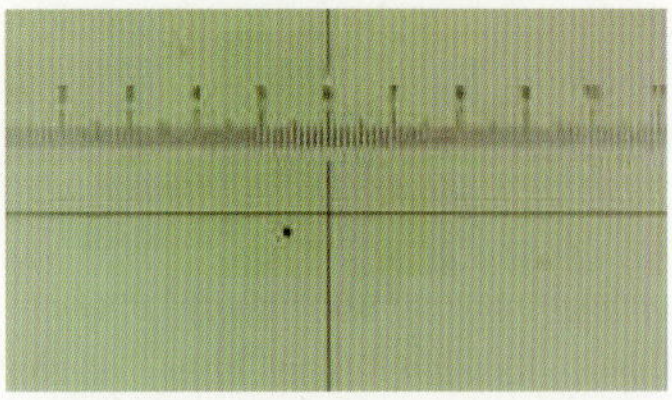
현대의 유압 시스템에서의 요구되는 오일

그림 | 대표적인 오염

만약 부품 제조사가 유체 청정도 요구조건에 관한 명확한 권고사항을 주지 않았다면, 다음 표를 참고하라.

시스템 유형 / 적용 분야 / 부품	권장 청정도
미세 오염에 극히 민감한 서보 유압 시스템	15/13/10
산업용 유압 기계 : • 비례 기술 • 고압시스템	17/15/12
산업용, 이동식 유압 기계 : • 전기자기 제어 밸브 기술 • 중저압 시스템	 18/16/13 19/17/14
산업용, 이동식 유압 기계 : • 마모보호의 필요성이 낮은 경우	20/18/15
기어의 압력 회로 윤활	18/16/13
신유(DIN 51524 Parts 1–3에 따른 신유 HL, HLP, HVLP)	21/19/16
펌프/모터 : • 사축 피스톤 펌프 • 레디얼 피스톤 펌프 • 기어 펌프 • 베인 펌프	 19/17/14 18/16/13 18/16/13 20/18/15
밸브 : • 압력 밸브 • 방향 밸브 • 유량 밸브 • 체크 밸브 • 비례밸브 • 서보 밸브	 20/18/15 19/17/14 20/18/15 20/18/15 17/15/12 16/14/12
실린더	20/18/15

이 표에 제시된 청정도는 100~160 bar의 작동압력, 비교적 평균적인 환경(대기) 오염 및 표준 시스템 사용할 때를 나타냄.

그러므로 다음과 같은 항목들을 청정도 결정 시 고려해야 한다 :

	권장 청정도에 대한 수정 요소	
작동 압력	100 bar 이하 160 bar 이상	1 등급 감소 1 등급 향상
기계의 기대 수명	10년 이하 10년 초과	수정 없음 1 등급 향상
수리 및 예비 부품 가격	높음	1 등급 향상
기계 정지에 의한 다운 타임 비용	이하 10,000 €/h 이상 10,000 €/h	수정 없음 1 등급 향상
파일럿 설비 (생산 공정에 강한 영향을 끼치는 시스템)		1 등급 향상

4 시스템 오염 측정

4.1 시료 채취

유압시스템에서 오일 검출기로 채취하고 고형물 오염도를 측정한다

▸ **분석은 더 많은 것에 대해 알려준다.**

- 기계 제작과정에서 혼입된 유압 유체의 고체입자 오염
- 적용된 유압 필터의 효율
- 기계의 시운전 동안의 필요한 플러싱 시간
- 고체 입자 오염을 지속적으로 확인하면서 유압 장치의 상태와 유압 부품의 손상 정도
- 시스템 환경으로부터의 오염 (씰의 마멸과 찢어짐, 탱크 뚜껑 개방 등)
- 유압 또는 윤활유의 상태

4.1.1 시료 채취 모드

▸ **동적 샘플링**

- 작동유체로부터 채취한 시료

시료 채취 위치 : 운전중인 시스템 내(난류 흐름이어야 함.), ISO 4021 참고

▸ **정적 샘플링**

- 잔류 유체로부터 채취한 시료

시료 채취 위치 : 유압 실린더(시스템 정지상태), CETOP RP 95 H 참고

▸ **기본 요건**

ISO 3722를 만족하는 시료 병을 사용한다.

시료 채취는 ISO 4021 참고

그림 | 유량 제어밸브를 이용한 유압회로로부터의 동적 샘플링

4.1.2 시료 채취 방법

▸ **흐르는 유체로부터의 시료 채취 절차(배관 시스템)**

- 유압장치는 최소 2~3시간 동안 운전상태여야 한다.
- 시료 채취 전에 여과된 솔벤트를 이용하여 시료 채취 장비를 주의하여 청소해야만 한다.
- 실험실에서 세정한 용기를 사용한다.
- 시료 채취 전, 솔벤트의 잔여물은 반드시 제거한다.
- 실제 시료를 채취하기 전, 샘플링 기기는 최소 2ℓ 이상의 시스템 유체로 플러싱해야 한다.
- 선행 샘플을 채취하라. 이는 시스템 오염을 대표하지 않기 때문에 평가에는 고려되지 않는다.
- 검사하려는 액체로 샘플병을 채운다. 샘플병 위의 보호막은 약간 들리도록 한다.

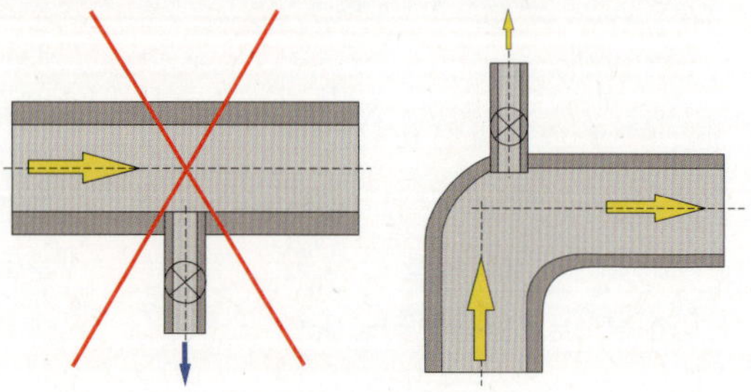

그림 | 오염 측정 지점

주의
실제상황에서는 가끔 수행 불가능!

▸ **정지 유체 시료 채취 절차(탱크)**

- 시스템은 최소한 2~3시간은 작동되어야만 한다; 일정한 작동 온도를 나타내야 한다. 그리고 탱크 내부는 난류여야 한다.
- 적절한 시료 채취 지점은 보통 오일 주입구나 통기구를 이용한다.
- 개방된 구역에서 탱크 뚜껑은 깨끗한 상태여야 한다.
- 필터 및 통기구 필터를 분해한다.
- 진공 펌프를 사용하여 탱크의 유체를 샘플병에 채운다.
- 탱크 중간부분의 유체를 채취한다.
- 시료를 채취할 때는 세심한 주의를 기울인다. (첫 번째 시료를 버리고, 새로운 샘플병을 채우고 오일 검사에 사용한다)

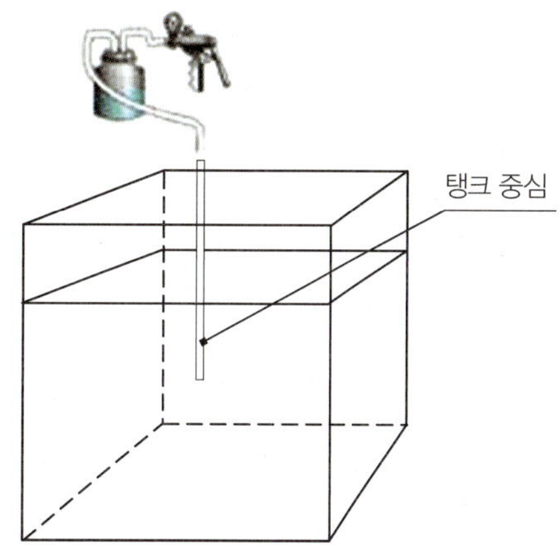

그림 | 탱크의 흡입 필터에서의 정적 샘플링

▸ **전제 조건**

- 탱크의 유온을 운전 온도까지 올린다.
- 탱크 내부가 난류가 있어야 한다. 탱크 바닥 또는 탱크 벽 가까이에서 시료를 채취하면 안 된다!

4.2 오일 내 고체 입자 오염 측정

그림에서 보듯이, 윤활 및 유압시스템에서의 오염은 오염입자의 계수 또는 무게로 측정할 수 있다..

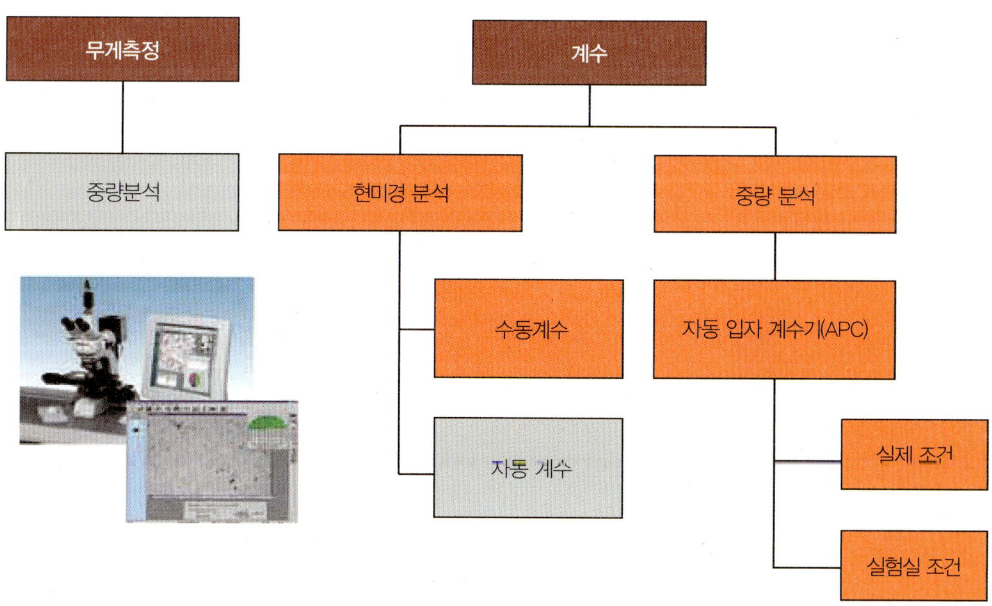

그림 | 개요 : 고체입자 오염도 측정

4.2.1 중량법(무게 측정)

중량 분석은 불순물의 무게를 mg/ℓ로 나타낸다. 분석용 시료는 0.8 μm 또는 1.2 μm 기공의 필터 멤브레인을 통과하게 되며, 멤브레인에 포집된 불순물의 무게를 정밀 저울로 측정한다. 이 절차는 냉각윤활유와 같이 오염도가 매우 높은 오일을 분석하는데 사용한다.

4.2.2 현미경 분석

유체 내 불순물은 0.8 μm 또는 1.2 μm 기공의 멤브레인에 포집된다. 포집된 불순물을 현미경으로 검사하여 입자개수, 크기 그리고 입자의 재질을 조사한다. 분석적 측면에서 이 방법은 노동 집약적이고, 고도의 기술적 지식이 요구되기 때문에 오직 입자 재질을 조사하는데 사용된다. 종종, 이 방법으로 오염도 표준 사진과 비교하여 유체의 오염도를 판별할 수 있다.

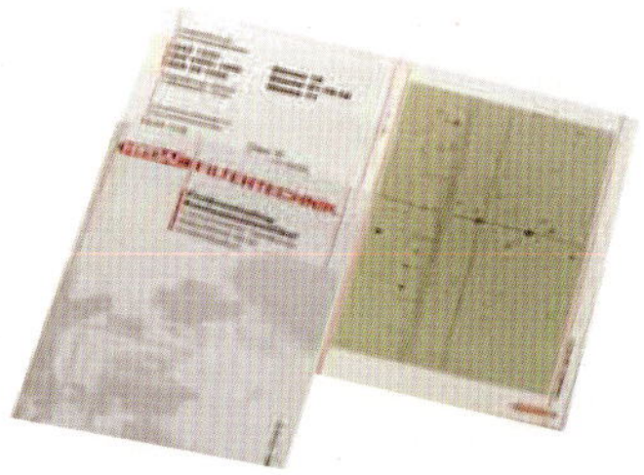

그림 | 현미경 분석

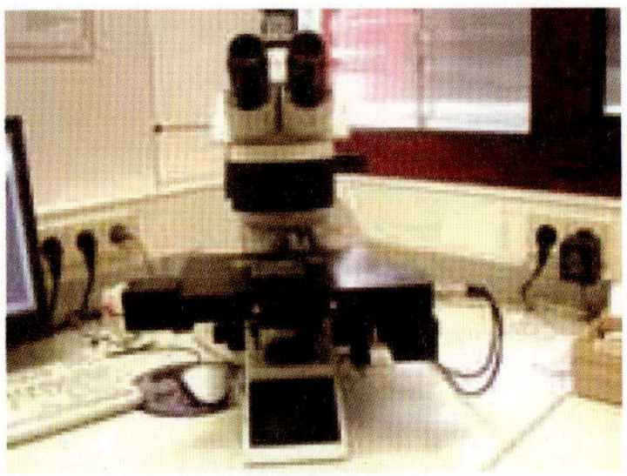

그림 | 유체 오염등급의 표준사진 비교 결정

4.2.3 광원 그림자에 의한 전자 분석

전자 분석 방법은 광학센서를 통해 입자를 계수하는 방식이다. 광선은 입자의 크기에 따라 차단된다. 빛이 방출되는 양과 광-다이오드에 도달하는 빛의 양 사이의 차이는, 입자 크기의 지름과 동일하다. 이 방법으로는 입자의 성분은 알 수 없지만 수행하기 쉽고, 시험 후 즉시 결과를 얻을 수 있다.

이 측정 방법은 측정 대상물을 직접 연결하여 온라인과 오프라인(외부연구실)으로 수행될 수 있다. 온라인 분석의 이점은 오일 시료를 채취할 때의 오류를 제거하는 것과 즉시 오염 결과를 알수 있다는 점이다. 상황에 맞게 적절한 유지보수가 가능하다.

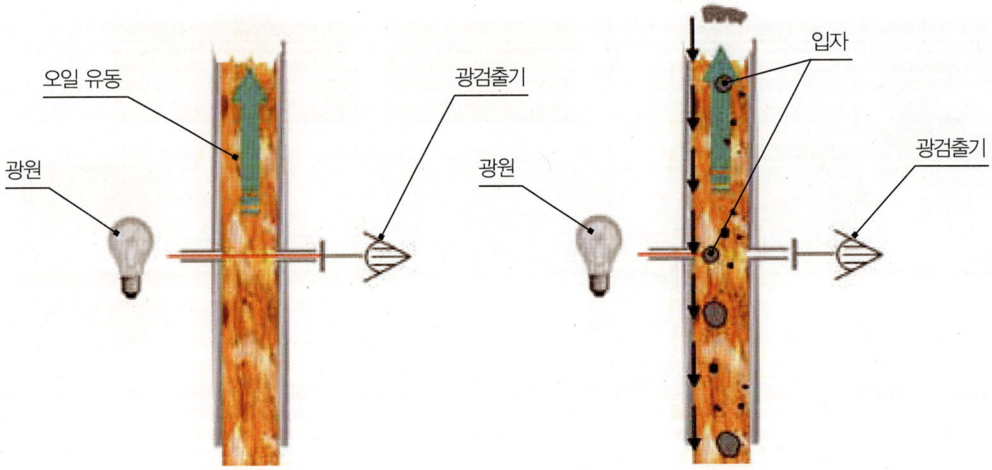

그림 | 물리적 원리 : 광원 그림자

오실로스코프에서 수신된 신호를 아래에 보여준다 :

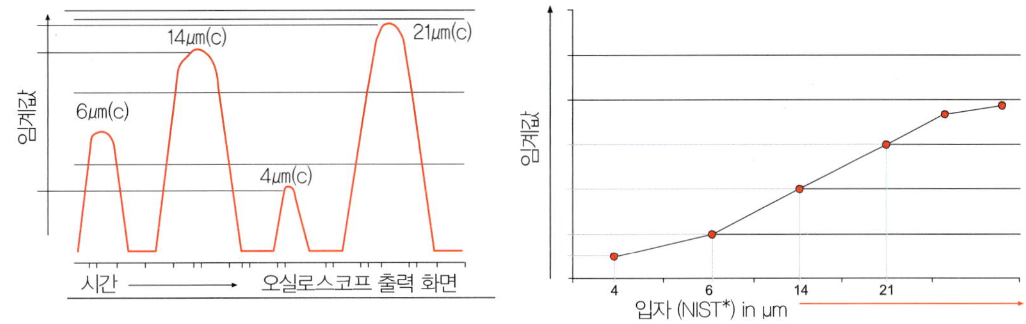

그림 | 수신 신호

* NIST 표준에 따른 눈금보정(NIST = National Institute of Standards and Technology, USA/미국립표준기술연구소). 입자의 크기는 같은 입자의 투영된 원 지름에 의해 정의되며, 가장 넓고 긴 부분을 의미하는 것이 아니다.

▸ 신호 전달

- 각 "신호의 최고점"은 입자에 의해 암흑화된 부분에 해당한다.
- 신호의 높이 또는 진폭은 입자 크기를 반영한다.
- 임계값은 4, 6, 14, 21 µm(c)*의 입자 그룹에 의해 정의된다. *(c = ISO 11943에 따라 보정된 측정치)

4.2.4 고체 물질 오염 측정을 위한 HYDAC 센서

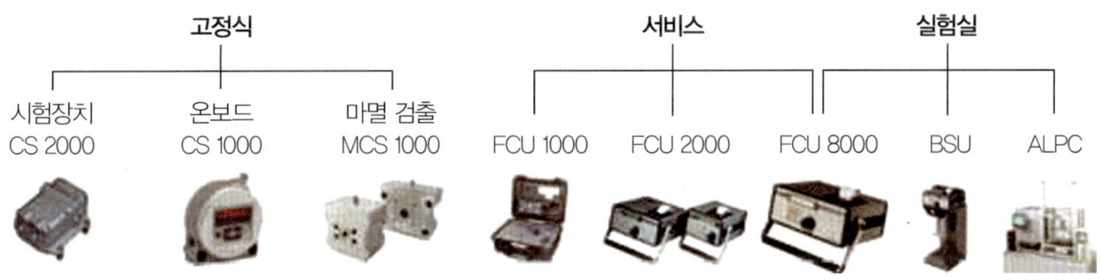

그림 | 온라인과 오프라인 상태 모니터링을 통한 입자 측정 장치

HYDAC는 유압유의 고체 입자 오염의 모니터링을 위한 측정과 분석 시스템뿐만 아니라 폭 넓은 범위의 유체 센서를 제공한다. 이 범위는 시스템 오염 또는 금속 마모 입자의 발견에 필요한 고정형 설비 또는 이동형 서비스 장비에 적합한 제품을 포함한다. HYDAC은 현장연구 또는 실험실에서의 어플리케이션에 적합한 도구를 제공한다.

고정형 오염 센서 CS 1000과 CS 2000은 시스템 오염모니터에 사용된다. 금속성 오염 센서 MCS 1000은 금속(강자성과 비강자성) 마모 입자 검출과 부품의 마모 및 그로 인해 초래될 손상을 결정하는 데 이용된다. 휴대용 유체 제어 장치 시리즈 서비스(FCU 1000, FCU 2000 및 FCU 8000)는 현장에서 필요한 다양한 서비스를 제공할 수 있다. 오일 샘플병으로 계수하기 위해, 병 샘플링 유닛(BSU)은 FCU 8000과 자동 실험용 입자 계수기 ALPC과 함께 결합하여 사용될 수 있다.(하루에 500개 시료까지)

4.2.4.1 오염센서 CS 1000

설명 HYDAC 오염 센서 CS 1000는 유체 내 고체 입자 오염을 영구적으로 기록할 수 있는 고정 입자 센서이다. 최신 소재와 기술을 적용하여 작고 강인한 고정식 센서가 개발되었고, OEM에게 경제성 있는 유압 장치의 모니터링 기술을 제공한다.

디자인 CS 1000는 하우징, 전자 장비, 선택 사양의 디지털 표시기와 가장 중요한 부분인 광계측 셀로 구성되어 있다. 센서는 배관, 플랜지, 제어 블럭에 직접 설치 될 수 있다. CS 1000의 원활한 작동을 위해서 필요한 통과유량이 적절히 확보되어야 한다.

기능 유체는 광학 측정 장치를 가로질러 흐른다. 빛은 흐르는 유체를 관통하여 비스듬하게 유도된다. 수신부에서 빛은 입자에 의해 가려진다. 그림자 영향에 따른 측정은 입자 크기로 전환된다. 선택적 표시는 유체의 청정도를 보여준다. 취득한 값은 데이터 인터페이스를 거쳐 컴퓨터로 전송될 수 있다. 이를 위하여, HYDAC는 유체 모니터링을 위해 특별히 개발된 소프트웨어 패키지(FluMoS) 또는 드라이버 패키지 유체 모니터링 툴키트(FluMoT–Fluid Monitoring Toolkit)를 제공한다.

기술정보
- 최대 300 bar
- 허용 측정 유량 30~300 mℓ/min
- 재교정 기능
- 보호 등급 IP67
- 충격과 진동에 강함
- 컴팩트 디자인 : 현재 청정도 6자리 표시(ISO 등급 내)
- 출력 전환 : 아날로그 출력 0...20 mA 또는 0...10 V; RS485 인터페이스; 통합적 HSI 데이터 인터페이스
- HYDAC 소프트웨어를 이용한 평가가 가능. FluMoS(FluMoS light버전은 무료 이용 가능) 또는 제어 출력 데이터 통합을 위한 드라이버 패키지 유체 모니터링 툴키트(FluidMonitoring Toolkit FluMoT)

장점
- 유지보수 계획
- 핵심 기계 상태를 사전 예측
- 유지 보수 시기의 간격 연장

응용
- 이동식 유압 장치
- 제지산업, 철강 산업, 발전 설비 같은 산업 설비

유체 센서와 고압 회로, 필터-열교환기 회로의 손쉬운 통합을 위해, HYDAC은 유압 상태에 따른 각각의 어플리케이션에 적용 가능한 모듈을 제공한다(유체 모니터링 모듈 FMM). 다양한 인터페이스 변환기(상태 센서 인터페이스 CSI)는 PLC 또는 PC 기반 시스템과의 통합을 지원한다.

4.2.4.2 오염센서 CS 2000

설명	오염센서 CS2000 시리즈는 유체의 고체 입자 오염상태를 연속적으로 기록하는 정적인 센서이다. 오염상태를 지속적으로 측정해야 하는 윤활 시스템, 중요한 유압시스템에 적용된다. 오염센서 CS2000 시리즈는 FCU 2000 시리즈의 현장 실험 센서기술을 갖추고 있다. 압력 40 bar까지 사용 가능하도록 개발되었다. (별도의 압력제한밸브를 연결하여 더 높은 압력에서도 사용가능).
기능	IR을 이용한 입자 측정 (디자인에 따라) 내부 유압 조절을 통한 유량 조정 또는 외부 모듈 사용
기술정보	• 측정 범위(보정 된) : ISO 13/11/10 … 23/21/18 • 측정 유량 : 10~200 mℓ/min • 전체 유량 (타입에 따라) : 10 … 800 mℓ/min (압력에 따라) • 유체 온도 범위 0 … + 70 ℃ • 공급 전압 24 V DC, ± 25 % • 소비전력 25 W max. • 전기적 출력, 오염 센서 화면 표시를 위한 출력 • 3 릴레이 출력 : 1 x 작동 준비, 2 x 한계값 • PLC 출력 • 주변 온도 범위 0 … +55 ℃ • 보관 온도 범위 20 … +85 ℃ • 상대 습도 최대. 90%, 무응축 • 보호 등급 Ⅲ (추가 저전압 보호) • IP 등급 : IP65 • 중량 4 kg
장점	• 압력과 점도의 변동에 따른 유압과 전기적 보상의 조합 • 연속적인 자가 진단 • 표준 아날로그 출력(4 … 20 mA) 또는 디지털 출력(RS 485/RS 232) • 표준 PLC 출력 • 표준 릴레이 출력 (작동, 경고, 알람) • 표준 RS 232 인터페이스(ISO 코드 표시를 위한)
적용	• 산업용 유압, 윤활 시스템 • 이동식 유압 기계

4.2.4.3 금속성 오염 센서 MCS 1000

설명 금속성 오염 센서 MCS 1000은 윤활유 내의 금속 고체 입자 오염을 감시한다. 100μm보다 큰 금속성 입자(강자성과 비강자성)를 감지한다. MCS 1000은 설비의 상태를 연속적으로 모니터 하는데 사용되고 임박한 위험의 신호를 보낸다. 이처럼 이 센서는 예방정비를 위해 사용된다.

유압 시스템에 쉽게 적용하기 위해, 금속성 오염 센서는 2가지 모델이 있다 :

- MCS 1510 : 직경 1"
- MCS 1410 : 직경 ½"

기능 입자는 센서의 코어를 형성하는 코일 시스템의 유도성 측정 절차에 따라 계측된다.

기술정보

- 유량 2 … 200 ℓ/min
- 최대 작동압력. 20 bar
- 유온 40 … +85 ℃
- 입/출구 : 플랜지 연결 SAE 4", 참고. ISO 6162-1
- 대기 온도 40 … +70 ℃

장점

- 기어 손상 초기 단계의 빠른 감지
- 고가 시스템 고장의 방지
- 광학 센서의 완벽한 보조 역할
- 금속성 입자 측정(강자성과 비강자성) 입자 > 100 μm
- 측정 결과는 유체 내 공기 기포 또는 액체 오염에 영향을 받지 않는다.

4.2.4.4 유체 제어 장치 FCU 1000

설명 유체 제어 장비 FCU 1000 시리즈는 유압 시스템의 고체입자 오염 측정을 위해 이동형으로 사용할 수 있는 장비이다. 통합된 아쿠아 센서 AS 1000 또한 수분의 포화와 온도를 측정한다.

FCU 1000 시리즈로부터 공급되는 통합된 펌프와 호스는 다음 용도로 이용할 수 있다.

- 제어 회로
- 전압 회로
- 비압축탱크

디자인 FCU 1000는 입자센서, 아쿠아 센서, 통합된 펌프로 구성되어 있다. 이 부품들은 강력한 케이스로 보호된다. 사용자 인터페이스를 통해 간편하게 조작할 수 있다.

기능 패키지에 포함된 포트와 일부 호스를 통해 장치를 유압장비에 연결하고 전원을 켜야 한다. 유량은 통합된 펌프에 의해 제어된다. 입자 센서는 입자 오염의 등급을 결정한다; 아쿠아 센서는 수분의 포화와 온도를 측정한다. 각각의 값은 통합된 화면표시를 통해 교대로 보여진다.

이동식 장비만 있으면 특허된 적외선 측정 기술로 고체 입자 오염을 현장에서 정확히 측정할 수 있다. 이 장비는 시스템에서 측정 포트 또는 분리된 흡입구를 통해 유입된 유체를 측정하고, 측정된 값은 화면 표시를 통해 보여진다. 데이터는 연속적인 평가를 위해 저장되거나 블루투스 인터페이스를 통해 PC로 전송될 수 있다.

기술정보

- 4 측정 채널 M12x1
  USB 인터페이스
- 적외선 측정 기술
- ISO 4406, SAE 4059, NAS 1638에 따른 청정도
- 통합 펌프
- PC 추가 연결을 통한 데이터 출력 화면 표시
- 수행 데이터의 취득과 기록

장점

- 유압유 350 mm^2/s까지 적합(유압유 ISO VG 68까지)
- ISO, SAE 또는 NAS에 따른 청정도
- 수분의 포화와 온도의 측정을 위한 통합된 아쿠아 센서 AS 1000
- 측정 데이터의 분석과 저장
- HYDAC 소프트웨어 FluMoS로 평가 가능
  (FluMoS light 버전 무료 이용 가능 : www.HYDAC.com)

적용

- 유압 시스템
- 이동식 유압 장비를 위한 서비스
- 유지 보수

4.2.4.5 유체 제어 장치 FCU 2000

설명 유체 제어 유닛 FCU 2000는 샘플병뿐만 아니라 고압 배관 그리고 탱크의 분석과 같은 유압 및 윤활 시스템 내의 고체 물질(입자) 오염에 대한 제어 장비로서 이용된다.

디자인 FCU 유닛은 운반용 핸들을 가진 몸체, 장비를 작동하기 위한 키패드, 유량 세팅과 조절을 위한 조절기, 분리된 흡입구, 통합된 펌프와 프린터로 구성되어 있다.

기능 특허된 적외선 측정 기술로 고체 입자 오염을 현장에서 정확히 측정할 수 있다(이동식장비에서도 가능). 이 장비는 시스템에서 측정 포트 또는 분리된 흡입구를 통해 유입된 유체를 측정하고, 측정된 값은 화면 표시를 통해 보여진다. 데이터는 연속적인 평가를 위해 저장되거나 통합된 프린터를 통해 출력된다.

기술정보

- 350 bar에 이르는 고압의 흡입 포트
- 시료 채취용 통합 기어 펌프
- 4 측정 채널
- RS232 또는 RS485 인터페이스
- ISO 4406, SAE 4059, NAS 1638에 따른 청정도 등급
- 고압 포트
- 통합된 유량 센서
- 통합된, 그래픽 가능 프린터
- PC 추가 연결을 통한 데이터 출력 화면 표시

장점

- 하나의 장치로, 조정, 센싱, 평가 그리고 데이터 저장
- 연속 온라인 측정 과정
- HYDAC 소프트웨어 FluMoS를 통한 평가 가능(FluMoS light 버전 무료 이용 가능 : www.HYDAC.com)
- 넓은 점도 범위
- 견고하고 특허된 측정 기술 때문에 진동에 민감하지 않음
- 주변부 장치의 활성화
- 자동화 장비로의 통합

응용

- 유압 및 윤활 시스템
- 유지 보수
- 시험 장비
- 샘플병 분석
- 탱크 분석

예시

측정 결과:

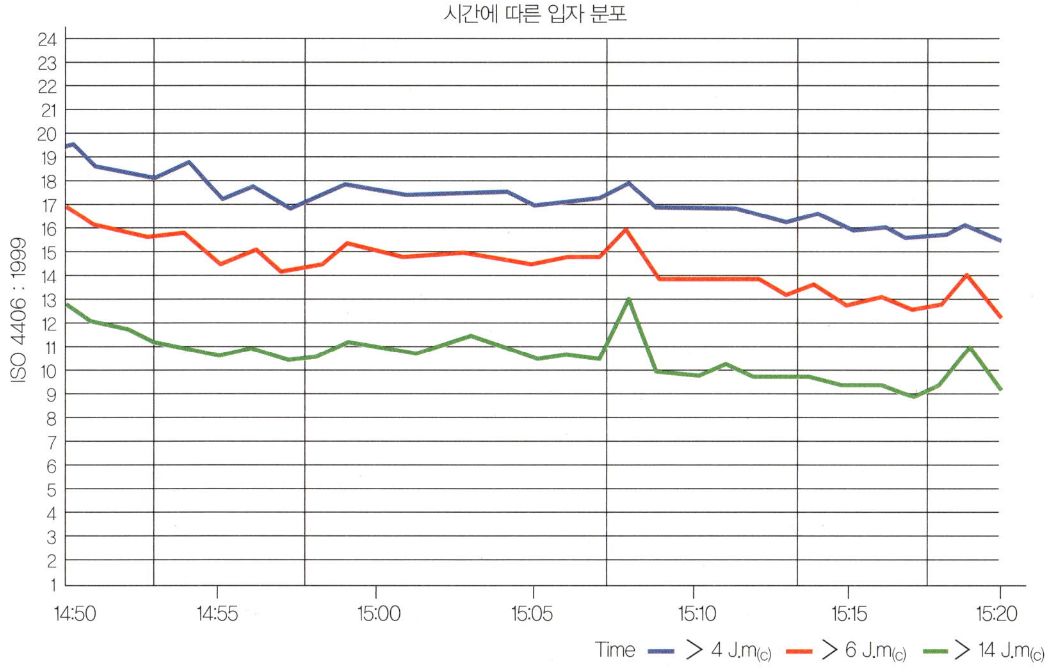

▸ **전자 장비의 측정 한계**

- **과도한 오염** : 만약 100 mℓ 범위에서 입자 수가 160만 개 이상 초과된다면, 몇몇 입자가 뭉쳐서 동시에 센서를 통과함으로 큰 입자로 측정될 가능성이 높다.
- **결합된 입자** : 정전기력에 의해 서로 당겨져 결합된 입자들이나 오일 첨가제에 의해 결합된 입자들은 종종 한 입자로써 기록된다. 실험실 측정 시 오일 시료를 흔들어, 초음파 처리를 통해 이와 같은 오류를 막을 수 있다.
- **자유수와 공기 기포** : 자유수와 공기 기포 또한 때때로 큰 입자로 계산된다. 이러한 이유 때문에, 수분 함량이 높은 유체의 전자적 입자 분석은 불가능하다(예를 들어 HFA, HFB, HFC 유체, 그리고 수분을 함유한 냉각 유화액).
- 오일 노화물은 대부분 4 μm 이하이다. 이러한 입자들이 뭉쳐져서 카운팅 될 수 있다.
(의미 : 4 μm 보다 큰 입자들에 의해 오염도가 상승될 수 있다)

4.3 오일 내 수분 측정

유체 내 수분 함량을 결정하기 위한 몇 가지 방법이 있다. 첫 번째는 유압 시스템으로부터 샘플을 채취하여 분석하는 것이고, 두 번째는 센서를 이용하여 수분 함량을 연속적으로 감시하는 것이다

4.4 수분 함량에 관한 샘플 평가

4.4.1 카알-피셔 방법(KarlFischer Method)

정확한 수분 함량을 측정하기 위해 실험실에서 카알-피셔 방법(the Karl-Fischer method)을 이용한다. 유체의 적은 양을 가열하면 수분은 분리된다. 건조된 질소는 장치 내 적정 용기로 습기를 이끌어 내고 용기에서, 수분은 카알-피셔 용액에 전기화학적으로 반응한다. 수분 함량은 적정 곡선의 변곡점을 통해 정확하게 결정된다. 수분 함량의 분석적 결정은 DIN 51777에 따른다.

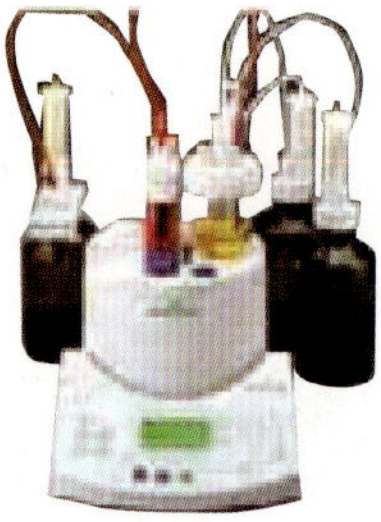

그림 | 카알-피셔 분석(Karl Fischer Analysis)

4.4.2 수소기체법

현장에서 수분함량을 결정하기 위한 또 다른 빠르고 간단한 방법은 화학물질에 해당하는 샘플의 일부분을 섞고, 반응기 압력 용기 내부의 압력 증가를 관찰하는 것이다. 측정 결과는 카알-피셔 방법과 비교할 때, 상대적으로 정확도는 떨어지나 현장에서 관리하기 위한 자료로는 충분하다.

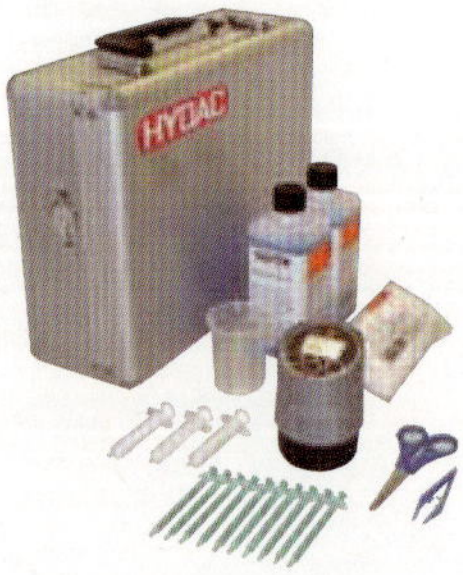

그림 | 수분 검사 키트 WTK(HYDAC)

4.4.3 수포음 시험(Crackle Test)/스패터 시험(Spatter Test)

열판 위에 오일 샘플을 몇 방울 떨어뜨리면(대략. 130℃), 오일과 수분이 분리된다. 열판 위에서 물방울을 이룬 물이 춤을 추듯 움직이고, 타닥 하는 소리가 난다. 이 시험은 오직 자유수와 유화된 물에서만 적용된다. 실제로 이 실험은 보통 오일이 혼탁해지면 수분이 증가한다는 관계를 확인하기 위해 적용된다.

4.5 아쿠아 센서를 이용한 자동 수분 함량 측정

압력 유체 내 수분함량은 수분 센서를 사용하여 설비 가동중에 온라인으로 계측될 수 있다. 수분 센서에는 수분 감지 코팅에 의한 용량(capacitive) 측정 엘레멘트가 있다. 주위 환경에서 습도가 증가하면, 코팅은 이를 흡수한다. 만약 습도가 떨어진다면, 코팅이 습기를 방출했을 것이다. 이 방법으로, 수분 센서의 용량은 변화한다. 그리고 이것은 수분 함량을 나타낸다. 얻은 값은 유체의 수분의 포화정도를 나타내는데 오일로부터 독립적이게 표시된다. 0% 포화는 유체 내에 수분이 없음을 의미한다. 100% 포화는 오일에서 유화액으로 변하는 지점을 나타낸다. 자유수와 유화액은 오일에서 용량 측정 방법을 이용하여 충분히 온라인으로 결정될 수 있다.

그림 | 아쿠아 센서 AS1000

▸ 설명

아쿠아센서 AS1000과 AS2000는 오일의 포화도와 연관된 온도를 용량성으로 측정한다.

AS1000에서 포화도와 온도값에 대한 출력 신호 4-20 mA는 예를 들어 발전소 제어실과 같은 분리된 제어실에 설치해야한다. AS2000는 이 평가 장치를 포함하며, 포화값(%)과 최근 작동온도를 디지털 방식으로 보여준다. 그러므로 두 센서 모두 유압 및 윤활유의 온라인 상태 감시에 중요한 역할을 한다.

▸ 장점

- 수분 과다 함량에도 높은 센서 안정성
- 넓은 유체 온도 범위
- 현장에서 검사 가능
- 수분함량 변화의 빠른 탐지(가동정지와 불필요한 작업 간섭을 피할 수 있음)

▸ 응용

- 시험 장비
- 계획 보수
- 이동식 유압 기계
- 산업용 유압 및 윤활 시스템
- 항공 및 항공우주 산업

아쿠아센서 AS8000는 유체 내 자유수 함량과 온도를 계측할 수 있다. 센서는 제강소의 롤러에 사용되는 윤활 시스템처럼 자유수 함량 10% 이상에서 영구적으로 작동하는 윤활 시스템에 사용된다.

아쿠아 센서는 유압유 및 윤활유를 정확히, 영구적으로, 온라인으로 연속적으로 관찰할 수 있다.

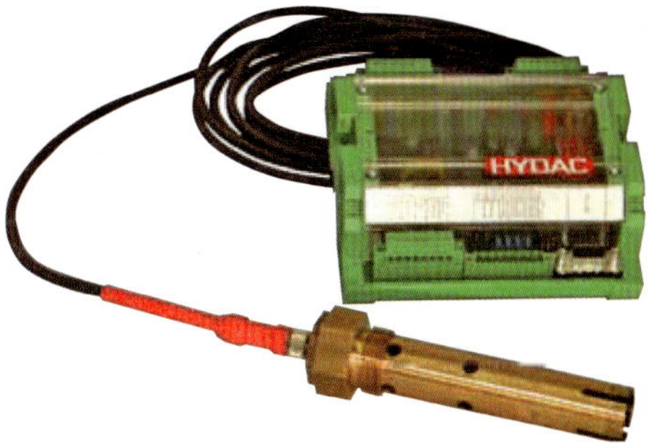

그림 | 아쿠아센서 AS8000

5 작동 유체 보호를 위한 필터 엘레멘트

Introduction to Filter Technology

각각의 하우징에 들어가 있는 필터 엘레멘트는 원하는 값으로 유체의 오염을 낮추고, 전체 시스템이 작동하는 동안 이 상태를 유지, 안정시키기 위해 이용된다. 필터엘레멘트에 요구된 과업과 윤활 및 유압 시스템에서의 압력 및 유량 조건은 필터엘레멘트의 디자인을 결정한다.

▸ HYDAC 필터 엘레멘트는 다음의 특징을 보여준다:

- 허용된 차압 범위에서 입자 분리의 신뢰성
- 높은 오염 포집 용량/엘레멘트 수명
- 작동유와의 뛰어난 적합성

이런 모든 특징들을 보장하는 여러 가지 필터 엘레멘트의 디자인은 필터 시스템의 요구조건에 부합하므로 유효하게 이용할 수 있다.

5.1 주요 유압 회로를 위한 필터 엘레멘트

위에 언급된 필터엘레멘트에 관한 요구조건을 충족하기 위해서, 필터 여과재는 다중 층과 별 모양의 형태로 접혀있다. 각각의 층은 유압장비의 요구조건 및 여과율에 관해 최적화 되어있다. 이것은 최대압력과 유량의 변화에 저항력이 있다. 아래의 그림은 넓은 차압 범위에서 우수한 오염 포집 용량을 통해 높은 입자 분리 성능을 제공하는 최고품질의 betamicron® 엘레멘트 디자인이다.

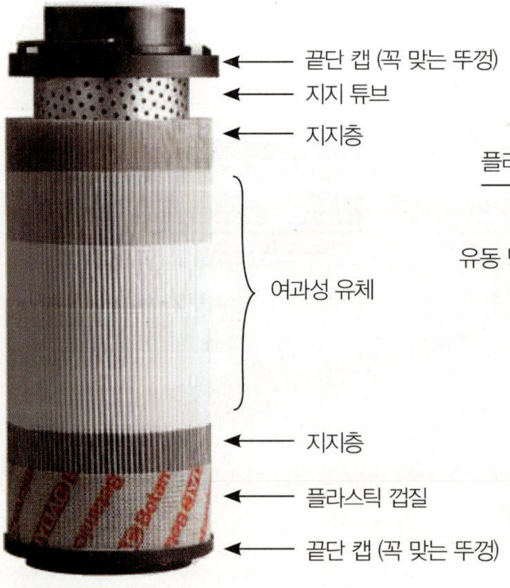

그림 | 최고 품질의 Betamicron® 필터 엘레멘트 디자인

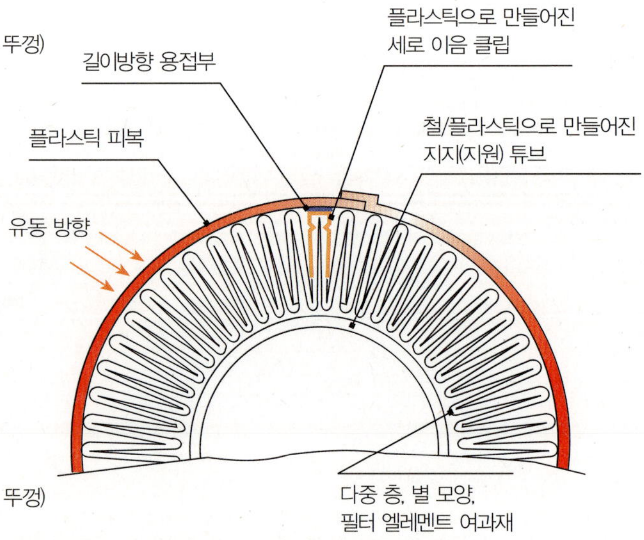

그림 | 필터 엘레멘트 수평 단면도

5.2 바이패스 필터 엘레멘트

▸ **바이패스 회로에는 기본적으로 두 가지 서로 다른 응용 영역이 있다:**

- **냉각 필터 회로** : 여유 공간이 있고 고유량으로 냉각 효과를 올릴 수 있는 바이패스용 필터 엘레멘트를 사용한다.
- **보존 여과** : 이러한 필터엘레멘트는 가장 정밀한 여과율과 극히 높은 오염 포집 용량으로 유체 수명을 늘리며 엘레멘트의 긴 수명과 부품을 최고 수준으로 보호할 수 있다.

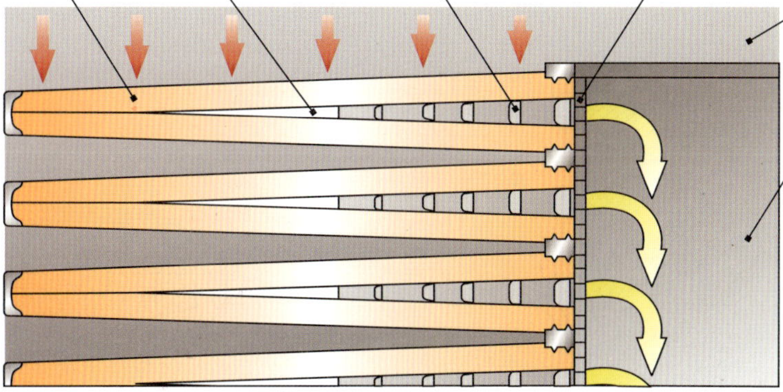

그림 | Dimicron® 바이패스 필터의 기능적 원리

5.2.1 안전 필터/표면형 필터

이러한 엘레멘트의 필터 여과재는 플라스틱 또는 금속으로 만들어진다.

▸ **표면형 필터는 아래와 같이 묘사될 수 있다:**

- 메시의 폭은 필터의 기공의 크기로 결정됨.
- 낮은 기공 면적(전체 필터 표면의 30~40%)
- 차압의 높은 안정성(특히 평직 plain weave 재질)
- 간단한 세척 절차
- 시작 시 낮은 차압

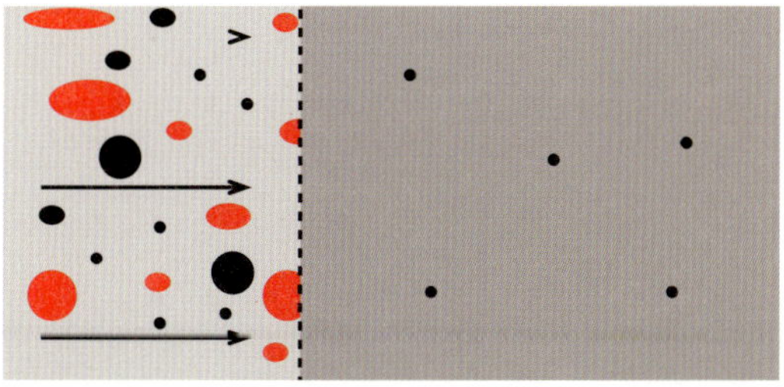

700 µm 100 µm 50 µm

그림 | 표면형 필터

▸ **적용**

- 흡입 필터, 바구니 형 스트레이너
- 내연 유체의 여과(예를 들어, HFA, HFB)
- 간단한 윤활 시스템(오염물에 둔감한)
- 간단한 베어링의 윤활
- 절삭 및 비 절삭 기계 장비의 냉각 유화액
- 밸브와 제어 블록 앞의 안전 필터

▸ **엘레멘트 성능 데이터의 측정**

여과된 오염물 입자는 필터 여과재의 표면에 쌓인다. 메시의 폭보다 더 작은 입자만이 유일하게 필터를 통과 할 수 있다. 이러한 이유 때문에 여과율은 현미경을 통해 쉽게 측정 될 수 있다. 윤활 및 유압 시스템의 동특성으로 인해 필터 효율을 높일 수도 있는 필터케이크의 형성은 가능하지 않다.

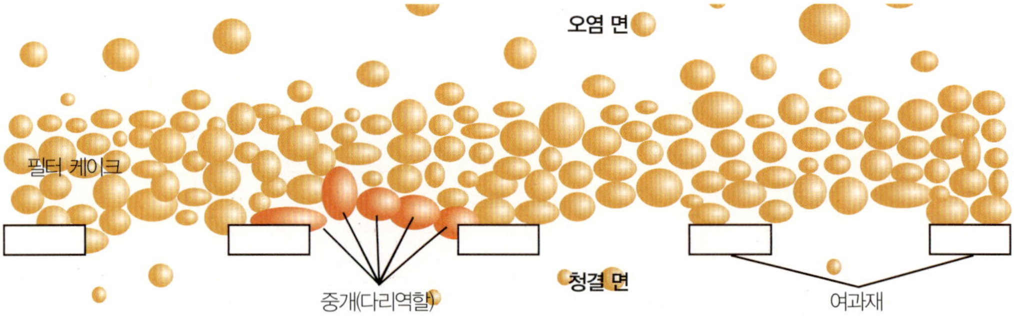

그림 | 필터케이크를 포함한 표면필터의 작동 방식

5.2.2 작동 필터/깊이형 필터

위에서 설명한 표면형 필터는 25 μm보다 작은 고체 오염 입자의 여과가 불가능하다. 그러나 이 크기의 입자들은 유압 장치의 신뢰성에 중요한 역할을 한다. 최고 품질의 깊이형 필터는 이런 미세한 입자까지 여과 할 수 있다. 깊이형 필터의 여과재는 다양한 크기의 섬유로 형성되어 매우 미세한 기공을 가지고 있고, 기공은 전 여과재에 분산되어 있다. 이러한 이유 때문에, 가장 미세한 먼지 입자에 이르기까지 동일하게 고효율과 고용량으로 오염물을 포집해 낸다. 매우 중요한 품질과 여과 성능을 증가시키기 위해서, 고품질 필터 엘레멘트는 복합 층을 가져야 한다. (사전필터 층에 주 필터 층 추가).

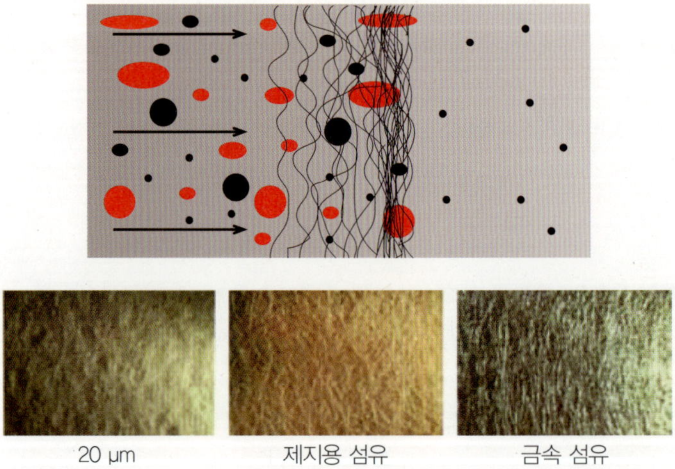

그림 | 깊이형 필터의 표면

▸ **적용**

- 일관된 오일의 청정도를 요구하는 장치에 적용
- 밸브와 실린더 같이 오염에 민감한 부품의 보호를 위해 펌프 토출부 후단에 여과
- 탱크 복귀 전 여과(리턴 라인), 시스템에 침투한 오염을 걸러내기 위함
- 냉각 회로 내 여과
- 바이패스 라인의 유지 보수
- 유체 관리를 위한 이동식 필터 시스템
- 시험 장치

작동 필터로서, 고품질의 깊이형 필터는 목표한 유체 청정도를 유지하기 위해 매우 엄격한 품질 기준이 충족되어야만 한다. 그래서 다순환여과시험장치(Multi–Pass–Test)로 이런 기준을 테스트한다.

필터 여과재의 깊이 이용

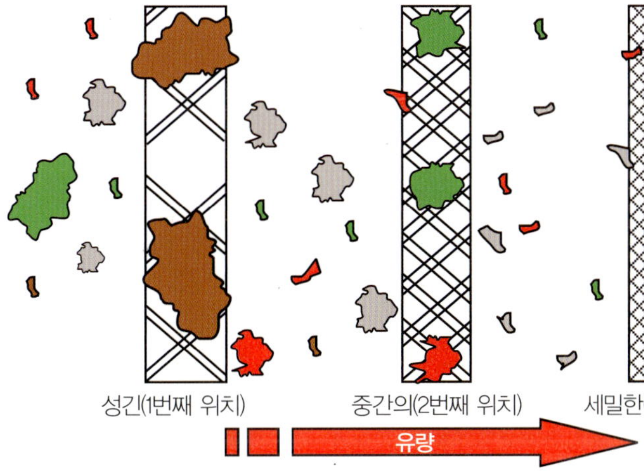

그림 | 다중 층 필터 엘레멘트 내 입자 분리 기능

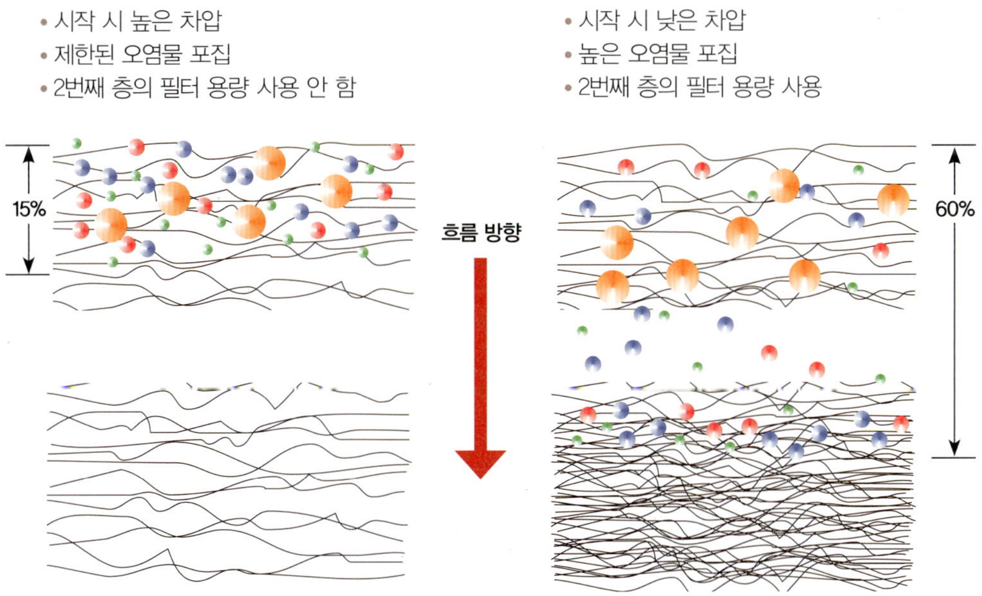

그림 | 필터 여과재의 깊이 이용

정의/용어

▸▸▸ 필터 기공의 크기 정의

과거에 필터 제조사는 서로 다른 개별 시험 방법에 기초하여 여과율을 적용하였다. 이런 개별 사양들을 서로 비교하기 위해 엘레멘트의 차압과 매개변수를 고려하는 $\beta_{x(c)}$ 값을 사용한다.

▸▸▸ 절대 필터 기공의 크기

$\beta_{x(c)}$ 값 200 또는 99.5%의 분리 성능의 여과율은 "절대 여과율"로 설정된다.(DIN 24550, part 2)

▸▸▸ 공칭 필터 기공의 크기

일정한 $\beta_{x(c)}$은 정해지지 않는다. 사용자에 따라, 최적화된 필터 시스템에 의해 오염의 일부만 제거된다.

▸▸▸ $\beta_{x(c)}$값을 고려한 지침

다순환 여과시험(Multi pass test)에서 확인된 $\beta_{x(c)}$ 값은 일정 조건의 오염 수준과 운전조건 에서 결정된다. 실제에서 어떤 입자들은 깊이형 필터에서 형성된 미로를 통과하여 빠져 나올 수 있다. 그 결과, $\beta_{x(c)}$값은 다순환여과시험에 의한 "최적의 오염 수준"과 비교할 때, 오염 형태와 구조에 의해 더 나빠질 수 있다. 만약 필터 엘레멘트의 제거효율을 유압 유체를 사용하여 실제로 입증되어야 한다면, 이 사실은 특히 중요하다.

▸▸▸ 필터 엘레멘트의 특정한 오염 포집양

필터의 구체적인 오염 포집양을 감안하여, 필터 엘레멘트의 가격 대 성능 비로서 뚜렷이 비교할 수 있다. 특정한 차압 에서 필터 엘레멘트에 포집된 총 오염물을 엘레멘트의 활성 필터 표면으로 나누어 계산된다. 이 방법으로 필터 표면의 면적(cm^2) 당 오염 포집양을 구할 수 있다.

5.2.3 수분 분리를 위한 필터 엘레멘트

입자 분리 이외에, 수분 흡수재를 필터 엘레멘트에 적용할 수 있다. 가장 간단한 수분 흡수재는 셀룰로오스 섬유로 구성되어 있다. 자유수를 흡수하는 섬유는 마치 스펀지 같다. 압력이 증가 하면, 섬유는 수분을 다시 방출한다. 따라서 이러한 엘레멘트들은 유체 회로로부터 적기에 교체되어야만 한다.

필터 엘레멘트에 보다 강한 흡수재를 적용할 수 있다. 이 시스템에서 수분은 젤 상태로 바뀌고 심지어 압력이 증가해도 필터로부터 다시 유출되지 않는다. 수분이 있는 필터 엘레멘트의 포화도는 필터엘레멘트에서 발생하는 차압의 증가에 의해 표시된다. 수분-흡수 필터 엘레멘트는 둘 다 바이패스 라인에 적합하다. 극히 정밀한 필터 엘레멘트와 조합되어 미립자 오염의 선별기로서의 역할을 한다. 규모가 작은 시스템에 권장된다.

HYDAC는 수분 분리를 위해 아래의 필터 엘레멘트를 공급한다:

엘레멘트 명칭	여과율 µm	기술적 특징
Aquamicron AM 	2, 20, 40	• **높은 수분 흡수** • 엘레멘트의 낮은 차압
N10DM N5DM 	1, 2, 5, 10, 20	• 극히 높은 오염 포집 용량 • 슈퍼업소버(Superabsorber)에 의한 수분 흡수(선택적)

5.3 필터 하우징과 필터 엘레멘트를 위한 제어 및 시험 절차

5.3.1 성능 데이터의 측정(다순환여과시험)

윤활 및 유압 장치는 마멸과 찢김이 발생하지 않도록 안정된 유체 청정도에서 작동되어야만 한다. 이것은 오직 안정된 성능을 보장하는 필터 엘레멘트를 장착하여 정기적이고 주의 깊은 서비스를 제공할 때만 가능하다. 이러한 성능 특성은 개발과 생산 공정에서 지속적인 품질 검사 프로그램을 통해 보장된다. 지속적인 성능 특성은 실험실에서의 계측과 필터 제조사의 계속된 품질검사에 의해 보장된다.

▸ 적용

- ISO 16889에 따른 입자 분리와 오염물 포집
- ISO 3968에 따른 엘레멘트에서의 압력 손실
- ISO 2941에 따른 엘레멘트의 붕괴 파열 압력
- ISO 3724와 ISO 16889에 따른 내유동 피로성 (flow fatigue resistance)
- ISO 2943에 따른 재질 호환성
- ISO 2942에 따른 지속적 제품 품질
- 전기 전도도

엘레멘트의 성능평가를 위해 가장 중요한 시험은 ISO 16889에 따른 다순환여과시험이다. 다순환여과시험은 입자 분리, 오염물질의 포집과 필터엘레멘트에서의 압력 손실을 결정한다. 시험하는 엘레멘트는 일정유속에 노출되며, 엘레멘트 내에 설치된 필터여과재와 필터 표면에 적용된다. 아래 그림은 다순환여과시험 장치와 그것의 기본 설계를 보여준다. 다순환여과장치는 1960년대 중반 미국에서 개발되었고, 필터엘레멘트의 성능평가와 비교측정을 위한 수단을 제공한다. 이 시험은 후에 국제적으로 필터 엘레멘트의 표준 시험 방법으로 공인되었다(ISO 4572). 시험용 먼지 입자에 대한 규격 변화가 필요하였고, 시험조건이 변화 적용되어 ISO 16889 시험의 현재 버전에 이르렀다. 특히 시험 먼지의 일관성 및 시험조건과 관련하여, 기술평가지의 데이터와 실제로 집계한(정지된 또는 이동식 장치의) 데이터 간에 큰 편차가 발생할 수 있다. 이 부분은 특히 "먼지 포집" 항에서 고려되어야 한다

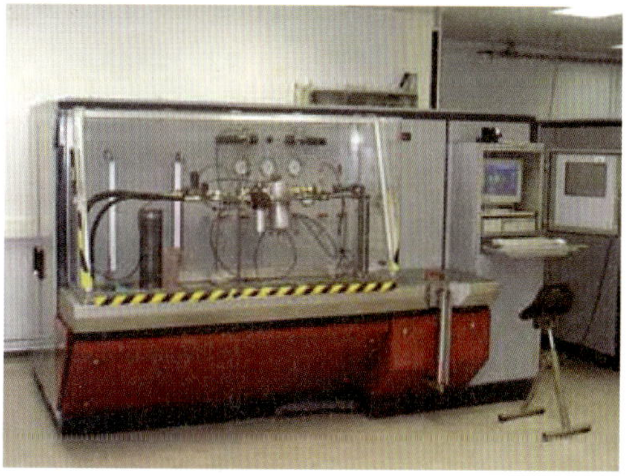

그림 | 다순환여과시험장치(HYDAC)

▸ 시험 절차

시험하는 동안 유체는 필터 엘레멘트 전후에서 동시에 채취되고, 오염 입자는 크기와 수에 따라 계수된다. 여과성능은 $\beta_{x(c)}$ 값으로 표시된다. $\beta_{x(c)}$ 값의 계산은 다음과 같다: 엘레멘트의 전측의 X와 크기가 같거나 더 큰 입자 수를 엘레멘트 후측에서 측정된 입자수로 나누어준다. 시험용 먼지는 ISO 16889에 명시된 ISO-MTD이다. ISO 12103에 따라 증명된다. 만약 시험 조건이 ISO 16889에 명시된 것에 부합된다면, 이는 "교정된"을 의미하는 "C"를 나타낸다

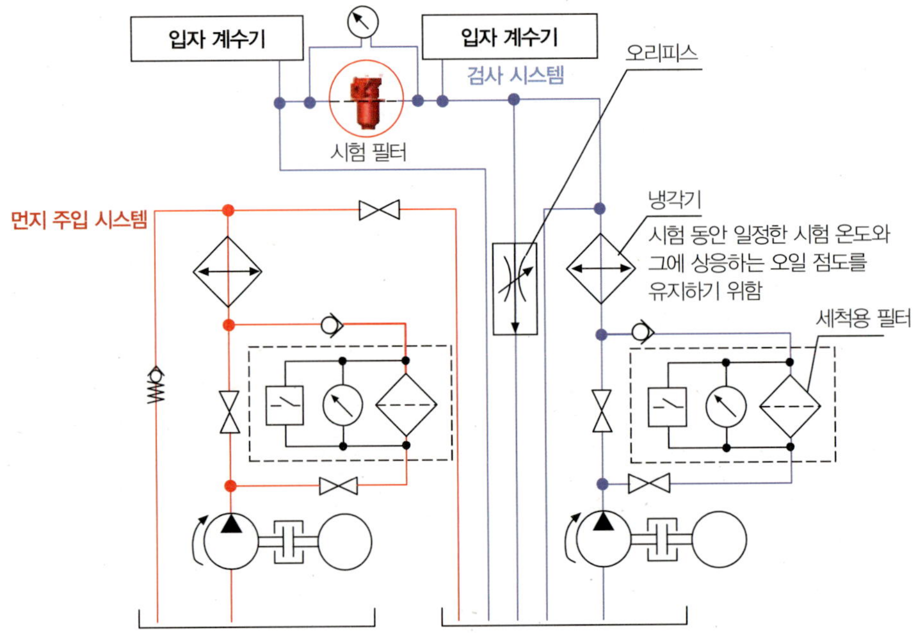

그림 | 도식화된 시험대 구성

그림 | 다순환여과시험 Multipass Test

정확한 정의:

$$\beta_{x(c)} = \frac{\text{필터 여과 전 } x_{(c)}\text{미크론 보다 큰 입자 수}}{\text{필터 여과 후 } x_{(c)}\text{미크론 보다 큰 입자 수}}$$

공식 이용:

$$\text{여과효율} = \frac{(\beta_x - 1)}{\beta_x} \cdot 100[\%] \qquad \beta_{x(c)} = \frac{n_{\text{상류}} x \mu m}{n_{\text{하류}} x \mu m}$$

$\beta_{x(c)}$의 값을 백분율로 환산한 여과 효율로 나타낼수 있다.

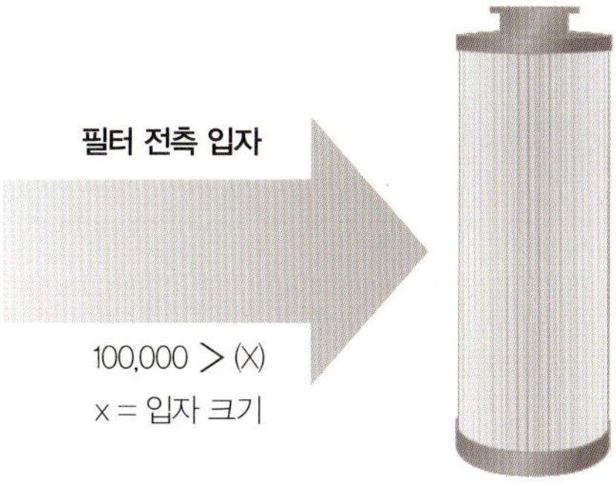

필터 후측 입자			Beta(β) – value(x)	필터 효율(x)
50000	$\frac{100000}{50000}$	=	2	50.0 %
5000	$\frac{100000}{50000}$		20	95.0 %
1333	$\frac{100000}{1333}$	=	75	98.7 %
1000	$\frac{100000}{1000}$	=	100	99.0 %
500	$\frac{100000}{500}$	=	200	99.5 %
100	$\frac{100000}{100}$	=	1000	99.9 %

그림 | 필터 효율

입자 분리의 효과와 오염물 포집은 필터 여과재의 두께 및 각 층의 섬유 구조에 의존한다.

오염 포집 용량 ISO 16889

오염 포집 용량은 필터 엘레멘트에 의해 포집될 수 있는 고체 물질 입자 양의 표시이다.

유압유는 고체 입자 오염물을 포함하고 있으며, 펌프의 유량과 운전시간을 감안하면 엘레멘트 수명을 예측할 수 있다. 필터의 목표는 요구 청정도를 유지하는 것인데 엘레멘트 수명이 다할 때까지 요구 청정도를 유지하여야 한다.

필터엘레멘트가 최대 허용차압 도달하면, 오염 지시계가 작동하고, 엘레멘트는 교체되어야 한다.

유량의 극심하고 빈번하게 변하는 가혹한 조건에서 사용되는 필터는 교체를 자주해야 한다. 그렇지 않으면 필터 소재에 피로로 인한 손상이 발생하여 필터 성능을 감소시킬 수 있다. 어떤 적합하지 않은 작동 조건에서 오염 지시계는 부적절히 작동한다. 오염 지시계가 없는 유압 장비라면 필터 엘레멘트는 주기적으로 무조건 교체해야 한다. 적절한 여과를 보장하기 위해 예비-정지 계획을 충분히 세워야 한다.

5.3.2 필터 엘레멘트에서의 압력 손실(ISO 3968)

▸ 목적

내장된 필터 엘레멘트에 의한 압력 손실 측정

▸ 시험 장치 설계

[Δp/Q] 값은 30 mm²/s와 300 mm²/s의 오일 점도로 결정된다.

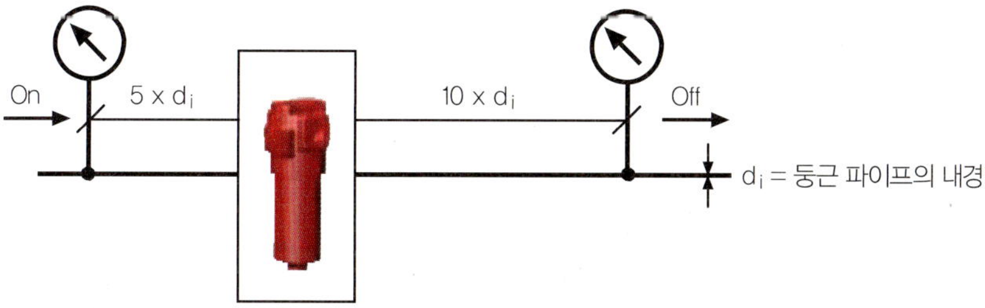

그림 | 필터엘레멘트에서의 압력 손실(ISO 3968)

5.3.3 붕괴 및 파열 압력(ISO 2941)

필터엘레멘트의 파열 요인는 엘레멘트의 지지관이 눌리는 부분에서 필터의 안쪽과 바깥쪽 사이의 차압과 관계된다.(엘레멘트의 완전한 파괴)

▸ 목적

엘레멘트 부품과 접착 접합부의 역학적 안정성 검증

▸ 시험 장비 설계

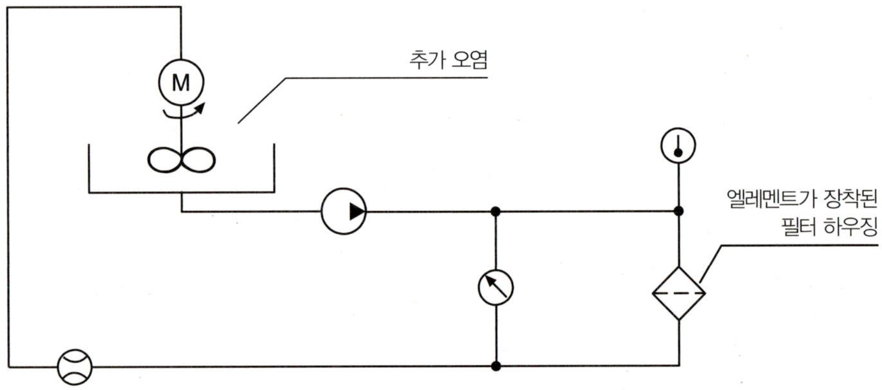

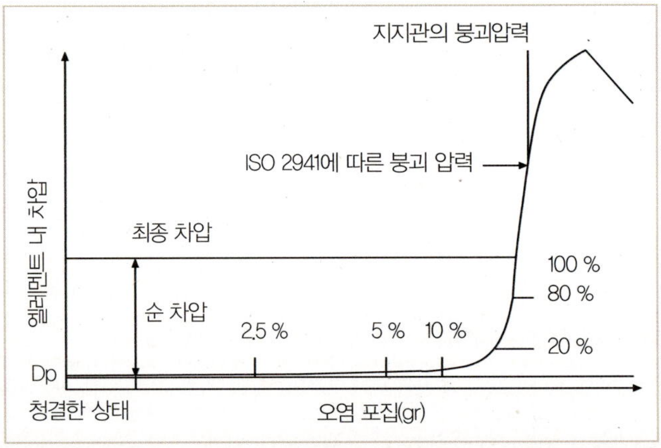

220bar에서
엘레멘트 붕괴

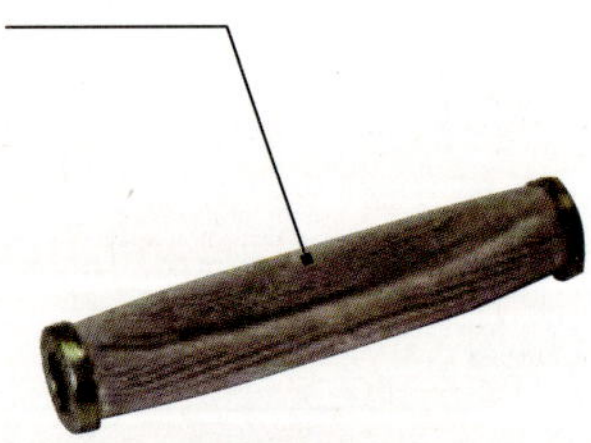

그림 | 붕괴 및 파열 압력(ISO 2941)

▸ 시험 절차

오염먼지는 회로에 계속 주입된다. 특성곡선 "추가된 오염과 관련한 압력손실"은 미리 결정된 지점까지 감소하는 경향이 나타나지 않을수도 있다. 이어서 기포(버블) 시험이 따른다.

▸ 시험 기준

참고. DIN 24550 part 2

- 리턴라인 필터의 필터 엘레멘트 : p ≦ 10 bar
- 바이패스 밸브를 갖춘 인-라인 필터의 필터엘레멘트, 크래킹 압력 3 bar : p ≦ 10 bar
6 bar : p ≦ 20 bar
- 바이패스 밸브가 없는 인-라인 필터의 필터 엘레멘트 : p ≦ 160 bar

5.3.4 유량 피로 경도(ISO 3724)

유압 시스템에 장착된 필터는 어디든 특정한 압력 변동에 노출된다. 이와 같은 변동들은 필터가 서로 다른 유체의 점도 뿐 아니라 서로 다른 유량에 노출된다는 사실에 기인한다.

▸ 목적

맥동 유량 조건에서 엘레멘트 구조의 기계적 견고함을 시험(실제 상황과 흡사)

▸ 시험 장치의 디자인

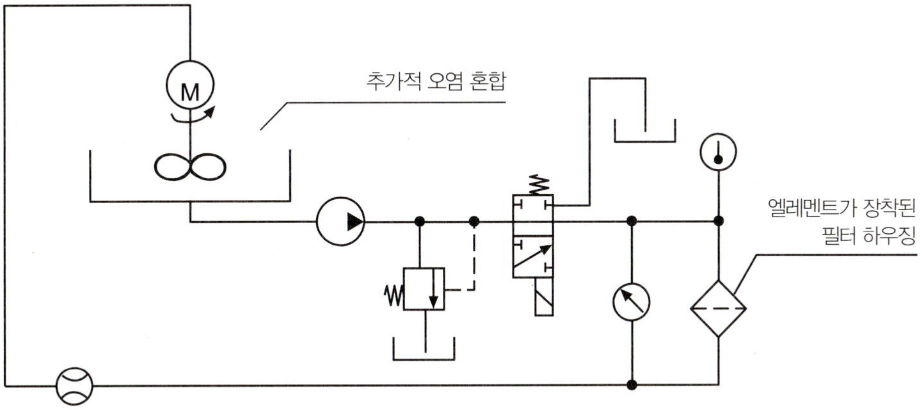

그림 | 시험 장치 : 유량 피로 저항(ISO 3724)

그림 | 맥동 시험 장치

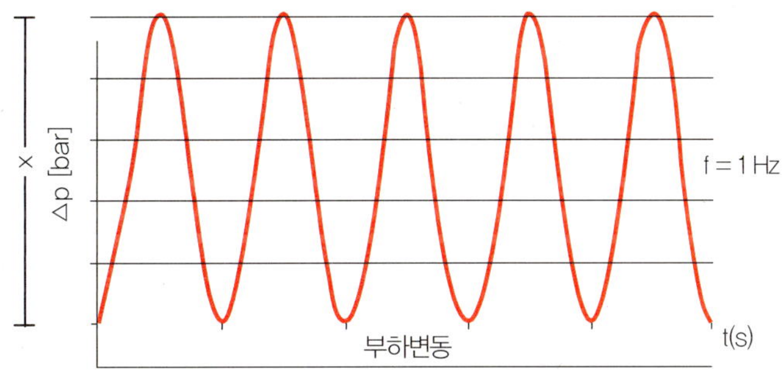

x = 진폭의 높이, 필터의 오염 상태의 반응압력에 의해 결정.

▸ 시험 절차

필터 엘레멘트는 주어진 발파 시험 사이클 횟수에 노출되는데, 발파(blast) 압력은 오염 후의 유량 변동에 의해 만들어 진다. 압력 시컨스는 사인파를 따르며 1Hz의 주파수 특징을 가진다. 주어진 횟수의 발파 시험 사이클 후, ISO 2942의 기포시험과 ISO 2941의 파열시험이 이루어져야 한다

▸ 시험 기준

- 리턴라인 필터의 필터 엘레멘트 : 50000 LW 0 – 2.0 bar p ≦ 10 bar
- 인–라인 필터의 필터 엘레멘트 : 50000 LW 0 – 5 bar

5.3.5 여과재 적합성(ISO 2943)

필터 엘레멘트는 서로 다른 여러 유종에 사용할 수 있어야 한다. 유체는 물론 필터 엘레멘트도 파괴되지 않아야 한다.

그림 | 재료 적합성

▸ 목적

성능입증, 엘레멘트들이 계획된 유압 또는 윤활 시스템에 대해 적합한지 알기 위함이다.

▸ 시험장치 디자인

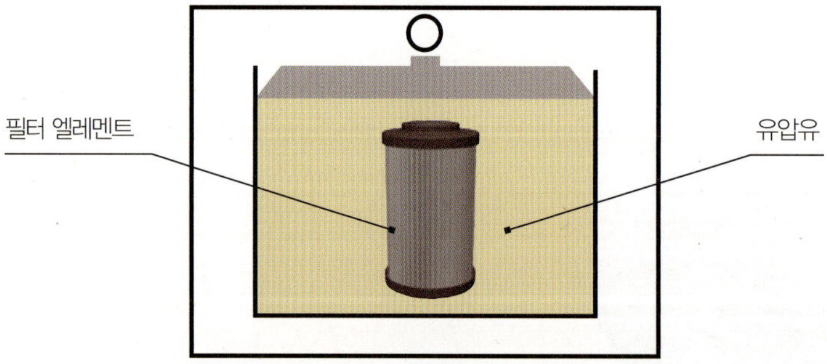

그림 | 시험 장치 : 여과재 적합성(ISO 2943)

▸ 시험 절차

시험 엘레멘트는 최대 허용 온도 이상보다 섭씨 15도 높은 온도에서 72시간 노출된다. 용기 안에서 유체의 온도는 안전 허용 온도를 초과하지 않을 것이다. (일반적 인화점)

▸ 시험 기준

시험 후에 엘레멘트는 어떤 손상이나 기능 손실을 보이지 않아야 한다. 그러므로 필터 엘레멘트는 ISO 2941에 따른 붕괴 및 파열 압력 시험을 거쳐야 한다.

5.3.6 기포 점 시험(ISO 2942)

이 시험은 비파괴 시험 절차이다. 필터 엘레멘트의 품질의 균일성을 밝히기 위함이다.

▸ **목적**

무결점 품질을 결정하기 위한 필터 재질의 비파괴 품질 시험

▸ **시험장치 디자인**

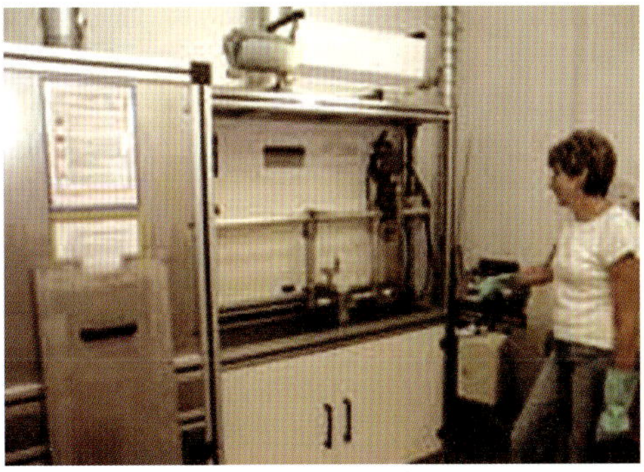

그림 | "기포 점 시험" 시험 장치

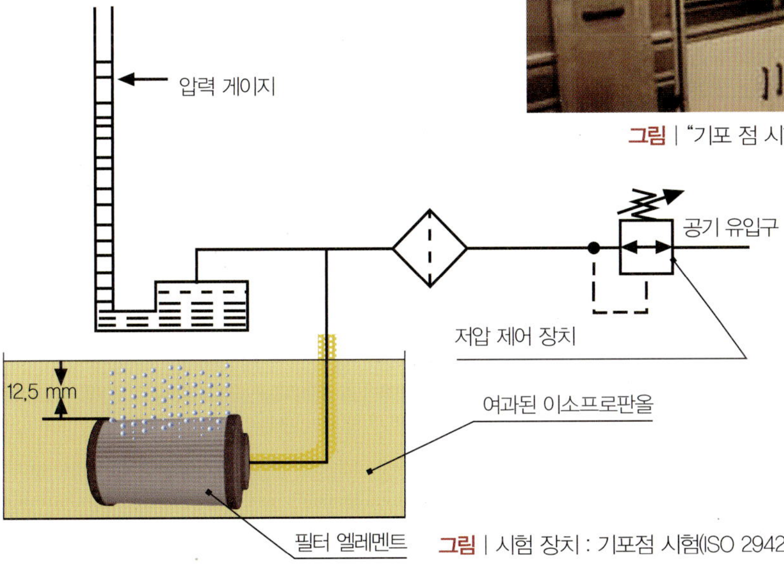

그림 | 시험 장치 : 기포점 시험(ISO 2942)

▸ **시험 절차**

필터 카트리지는 이소프로판올에 담궈지고 내부에서 압력을 가한다. 공기압은 첫 기포가 필터 엘레멘트 표면에 처음 나타날 때까지 꾸준히 상승한다.

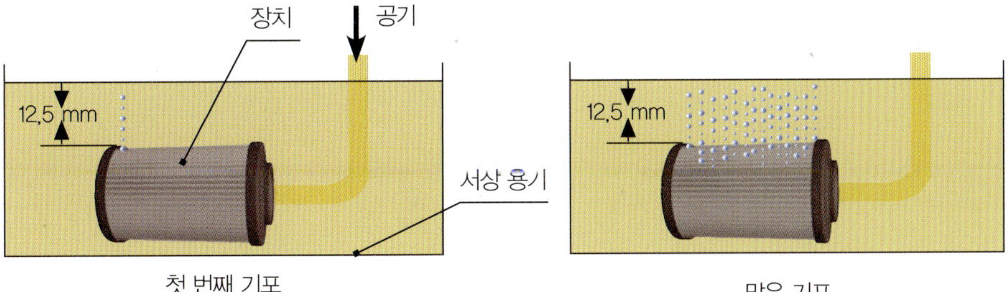

그림 | 기포점 시험의 시험 절차

▸ **시험 기준**

- 필터 엘레멘트의 전체 면적에서 모두 동등한 기포 형성
- 처음 기포가 생길 때의 압력 수준은 필터 여과재의 설계에 달려있다.

5.3.7 ISO 11170에 따른 필터 성능 특성 측정 시험 절차

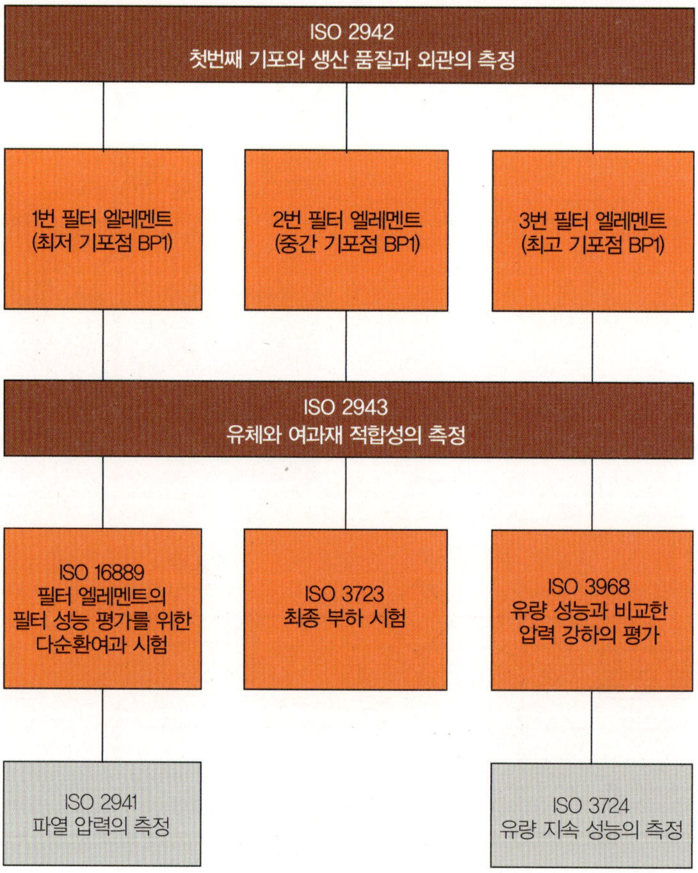

그림 | ISO 11170에 따른 필터 성능 평가 시험 절차 계획

Notes

6 어떤 종류의 필터 하우징이 활용 가능하며, 언제 사용되는가?

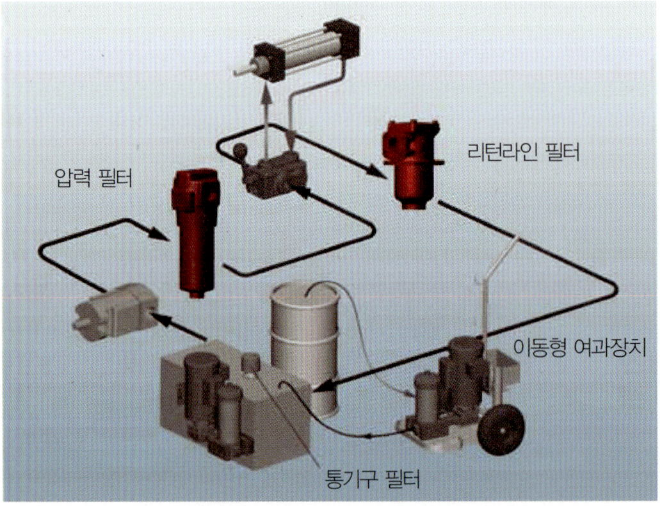

그림 | 필터 하우징의 설치 위치

유압 장치 안의 필터 종류는 매우 다양하다. 필터의 기능 또는 설치 위치에 따라 명칭이 정해진다. 리턴라인 필터는 탱크의 리턴라인에 설치되며 고압에 노출되지 않는다. 그러므로 보다 가벼운 하우징이 이곳에 사용될 수 있다. 다음 장에서 개별 필터 하우징과 적용 영역을 소개한다.

필터 엘레멘트는 압력 용기나 필터 하우징에 맞춰진다. 필터 하우징은 필터 헤드와 필터 용기로 구성된다. 하우징 헤드에는 기기를 유압 장치에 연결시켜 주는 입, 출구가 있다. 필터 하우징에는 바이패스 밸브와 오염물 막힘 지시계가 설치된다.

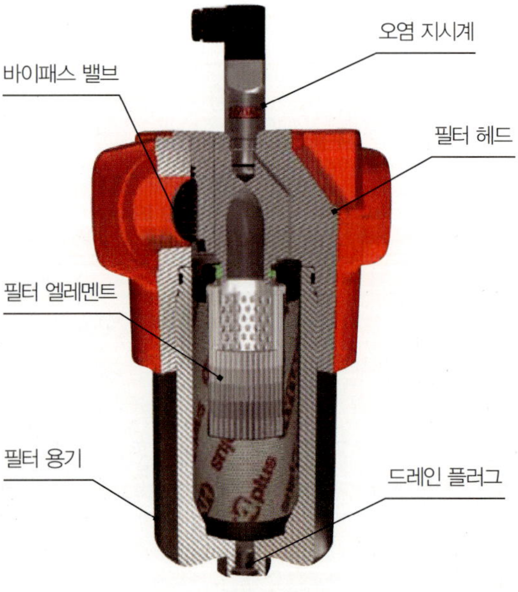

그림 | 필터 엘레멘트와 하우징(DF330)

6.1 주 관로 필터

주 관로 필터는 작동유를 여과하고, 유압 회로 안에 내재 되어있다. 주 관로 필터는 흡입, 압력, 귀환, 통기구 필터들이다.

6.1.1 흡입 필터

그림 | 흡입 필터

흡입 필터는 펌프의 흡입 부분에 설치된다. 그 주 목적은 굵은 오염물로부터 유압 펌프의 오염을 방지하는 것이다. 공동 현상으로 인한 손상 방지를 위해, 이 필터들은 거친 스트레이너에만 설치될 수 있다. 더욱이 진공 스위치가 펌프와 필터 사이에 설치되어야 하는데, 이는 특정 진공 수준에서 펌프를 끌 수 있어야 하기 때문이다. 낮은 차압으로 인해 흡입 필터를 이용한 미세 여과는 특정 조건에서만 가능하다. 그러므로 흡입 필터는, 이동용 유압시스템처럼, 아주 굵은 오염물이 펌프에 손상을 야기할 수 있는 경우에 사용된다. 여기에서 기어와 구동장치의 윤활은 유압 탱크의 유압유를 공동으로 사용한다. 유압 장치의 보다 정밀한 필터로 마멸과 찢김에 대한 방비를 해야한다. 흡입 필터는 중요 부품을 보호, 보장하진 못하지만, 유압장치의 경제적 운용에 핵심적 요소이다

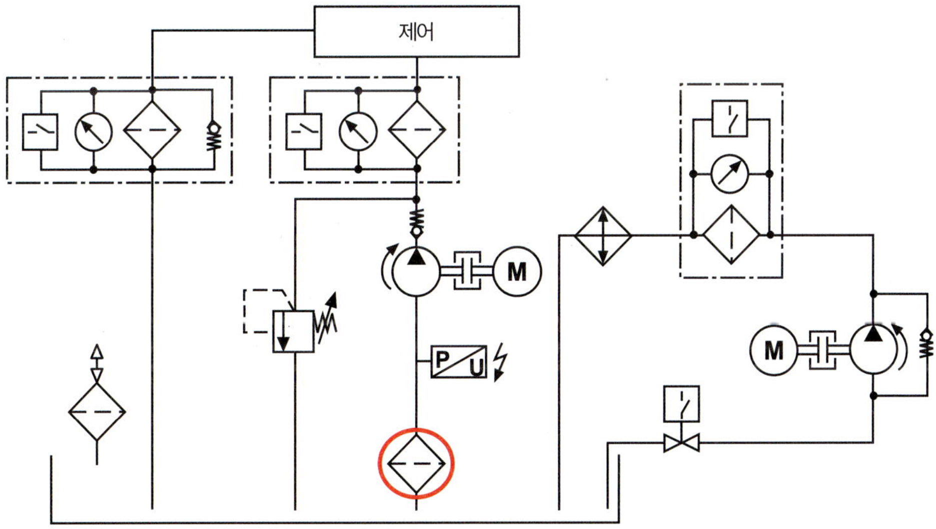

▸ **이점**

• 굵은 오염물의 오염에 대해 펌프를 보호할 수 있다.

주의

• 초미세 여과는 불가능하다.
• 펌프는 공동 현상에 대해 반드시 보호되어야 한다. (기준압이하 스위치)
• 특히 저온 시동시 고점도 오일로 인해 공동 현상 발생의 높은 위험성
• 마멸에 대한 방비로 더 많은 필터의 설치가 필수다.

6.1.2 압력 필터/인라인 필터

압력 필터는 시스템 펌프 후단에 설치된다. 압력 필터는 설치된 시스템의 압력과 압력 관로의 유량에 의해 선정된다. 압력 필터는 서보 밸브처럼 필터 후단에 바로 설치된 특히 민감한 부품의 보호에 적합하다. 이 필터들은 최대 시스템 압력을 견뎌야 한다. 압력은 시스템 내에서 빈번히 최고에 도달하므로, 영구적 안정성이 매우 중요하다.

압력 필터들은 오염물 막힘 지시계와 함께 설치되어야 한다. 특히 중요한 부품 앞에는 바이패스 밸브가 없는 관로 필터만이 사용되어야 한다. 이 필터들은 높은 차압을 실수 없이 견디는 필터 엘레멘트가 장착되어야 한다. 필터 하우징은 최고 동적 시스템 압력을 견뎌야 한다.

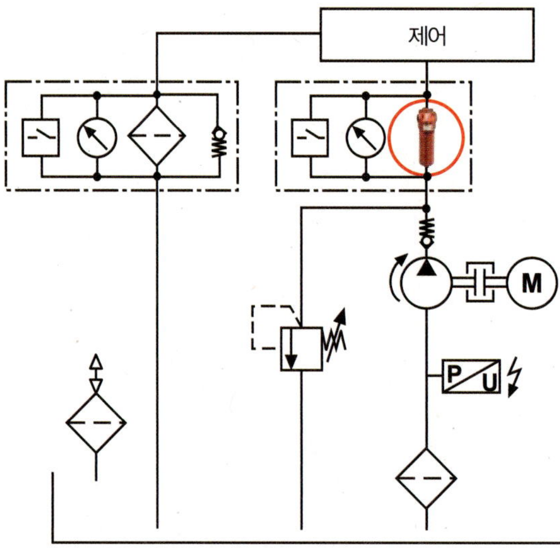

▸ **압력 필터의 사용을 권장하는 특별한 경우**

- 오염에 특히 민감한 부품들, 예를 들어 서보 밸브, 비례제어 밸브, 유량 제어 밸브
- 전체 시스템의 기능에 특히 중요한 부품
- 대형 유압 실린더와 같이 매우 비싼 부품
- 장비의 안전을 책임지는 부품

관로 필터		
DF 	MFM 	LPF 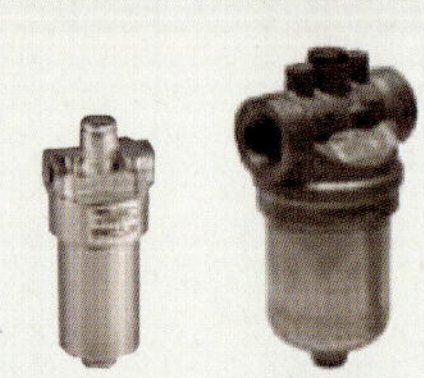
블록 연장 필터		
DFZ 	DF…M A 	DFP 

그림 | 유동에 최적화된 필터 헤드부분

여러 가지 필터 설치 방법과 헤드 부분의 확장 가능성 때문에 다양한 필터 디자인이 있다. 이것들은 나사산으로 헤드를 단순히 체결하는 배관부터 통합된 정류 회로까지 포함한다. 하지만 기능적인 원칙은 여전히 같다. 유체는 필터 헤드를 통해 들어가 엘레멘트에 도착하며, 계속해서 필터 엘레멘트 밖에서 안으로, 다시 필터 헤드로, 그리고 시스템 으로 다시 연결되는 출구를 통해 흘러 나간다. 적층 시스템에서 샌드위치 판처럼 결합될 수 있으므로, 민감한 비례 서보 밸브의 상류를 여과함으로써 오염으로부터 보호할 수 있다.

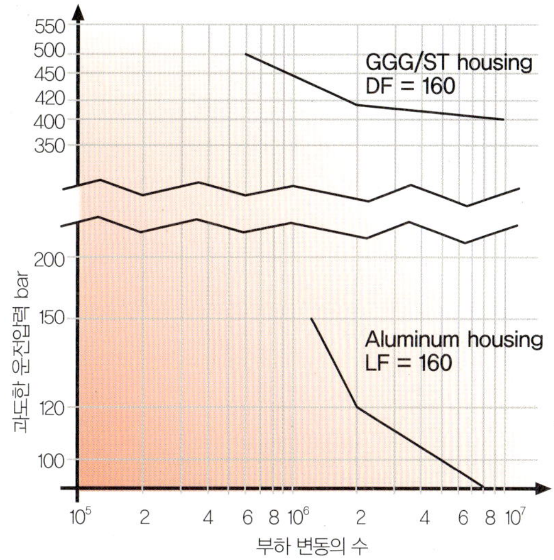

그림 | 부품의 뵐러라인, 고 피로 저항성의 하우징 재료

전체 유압 장치를 멈추고 필터 교체를 할 수 없다면 전환가능 이중필터를 사용해야 하는데 경제성은 떨어질 수 있다.

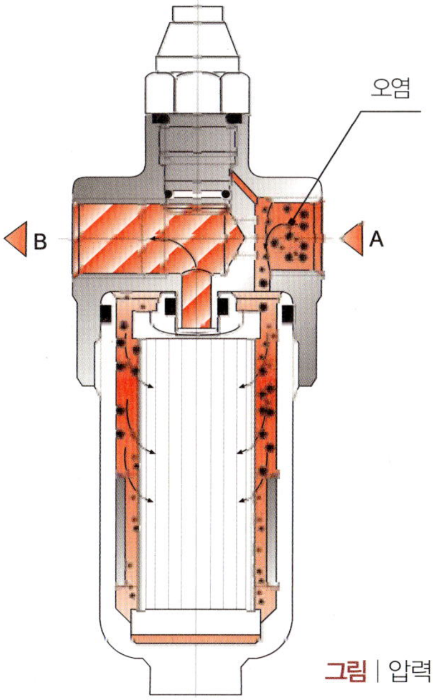

그림 | 압력 필터

▸ **이점**

- 여과는 보호할 부품 바로 앞에서 이루어진다.
- 요구되는 청정도는 보장된다.

주의

- 고압 노출로 인한 고가의 필터 하우징과 필터 엘레멘트
- 필요한 차압을 견디기 위한 복잡한 엘레멘트 디자인
- 펌프는 보호되지 않음
- 하나의 필터 엘레멘트를 교환하기 위해, 유압 유닛의 전원을 꺼야 함. 전환 기능이 있는 이중 필터를 사용할 때는 필요하지 않음.

6.1.3 바이패스 밸브 장착형 필터

필터 엘레멘트에 과도하게 높은 차압이 생기는 모든 필터는 파이프 관로의 배압을 발생시켜 , 밸브 전환의 오작동을 유발할 수 있으며, 작업 사이클의 힘을 감소시키고, 압력 필터 안의 씰에 손상을 줄 수 있다. 이 경우 바이패스 밸브가 대안이다. 리턴 필터에서 바이패스 밸브는 표준 사양이다.

▸ 필터에 알맞게 제작된 바이패스 밸브는 아래의 목적을 달성한다 :

- 오염 또는 유압 유체의 점도 증가로 인해 엘레멘트가 막힐 때, 냉간시동시 높은 차압이 발생할 수 있음.
- 유압 시스템의 오작동의 방지
- 필터 엘레멘트의 차압 발생의 방지

▸ 바이패스 밸브가 설치될 때 아래 사항들을 면밀히 관찰해야 한다 :

- 바이패스 밸브의 개방은 필터의 성능을 감소시킨다. 만약 바이패스 밸브가 완전히 개방되면, 그것은 유압 엘레멘트의 보호가 더 이상 보장되지 않음을 의미하며, 필터를 사용하지 않는 것과 같다
- 막힘 지시계를 설치하는 것은 필수적이며, 이로써 필터는 유효 시간 동안 사용할 수 있다.
- 필터 엘레멘트는 막힘 지시계가 작동되면 즉시 교환되어야 한다.

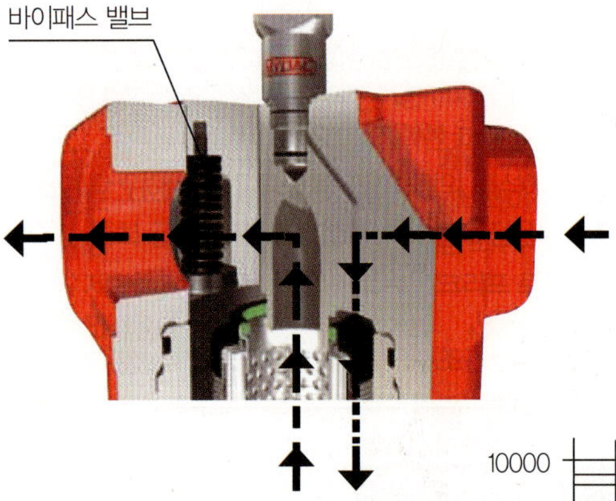

그림 | 바이패스 밸브

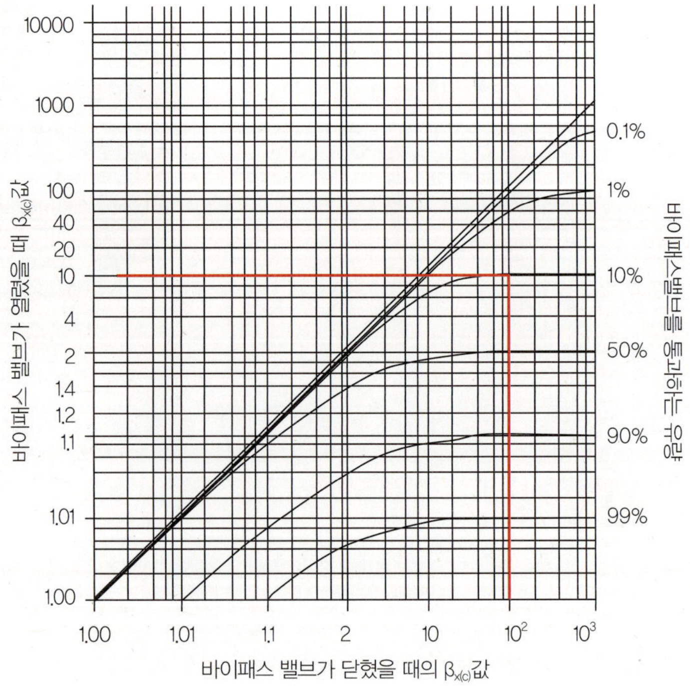

6.1.4 리턴라인 필터

리턴라인 필터들은 인라인 필터들 처럼 리턴라인에 설치되어있다. 다른 옵션은 그것들을 탱크 위에 설치하거나 탱크 안에 설치하는 것이다(통합된 필터). 이것은 시스템에서 귀환하는 작동 유체가 탱크로 복귀되면서 여과되는 것을 의미한다. 시스템을 통과할 수 있거나 시스템 안에서 만들어진 모든 오염 입자들은 다시 탱크로 돌아가기 전에, 작동 유체로부터 여과된다.

알맞은 필터 사이즈를 선택하기 위해서, 가장 높은 복귀 유량이 고려되어야 한다. 만약 차동 실린더 또는 유압 어큐뮬레이터가 설치되었다면, 이 유량은 설치된 펌프의 유량 보다 훨씬 더 클 수 있다.

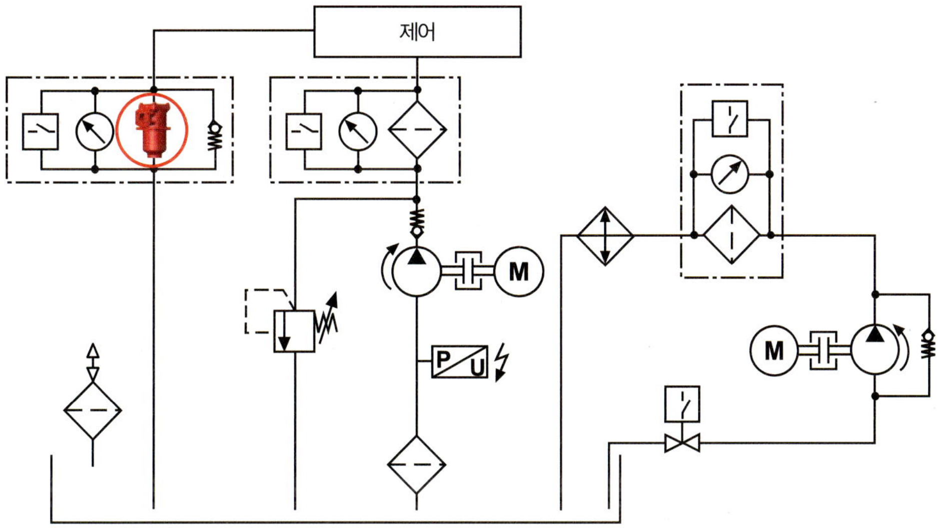

탱크 내부의 유체의 기포를 방지하기 위하여, 필터에서 나오는 유체의 출구는 모든 작동 상태에서 언제나 탱크 안에 낮게 위치시키는 것이 중요하다. 파이프 또는 유량 디퓨저를 필터 출구에 설치할 수 있다. 탱크 바닥과 파이프 끝단 사이의 거리는 파이프의 직경의 2~3배 보다 더 커야 한다. 리턴라인 필터들의 디자인은 다양하다. 방향 전환이 가능한 이중 필터부터 탱크에 직접 체결하는 단일 필터 하우징까지 있다. 리턴라인 필터는 기본적으로 압력 필터가 작동하는 방식과 같다. 그러나 리턴라인 필터에서는 과도하게 높은 배압에 대한 설비 부하를 위해 바이패스 밸브가 사용된다 추가적인 장비로서, 리턴라인 필터는 통기구 필터와 함께 설치될 수 있다.

▸ 이점

- 모든 귀환 유체의 여과
- 시스템으로부터의 오염되지 않은 유체들만 탱크로 다시 돌아올 수 있음
- 저렴한 필터 하우징과 엘레멘트

주의

- 최고 품질의 중요한 부품들이 사용된다면, 추가적으로 압력라인 필터를 시스템에 설치해야 함
- 바이패스 밸브의 설치는 필수적임
- 낮은 차압 저항의 엘레멘트
- 맥동으로 인한 엘레멘트의 파손 우려
- 만약 간단한 필터가 사용된다면 유닛은 꺼져야 함
- 고유량의 대형 필터들이 요구됨(차동 실린더의 단면적비)

리턴라인 필터		
RH 	NF 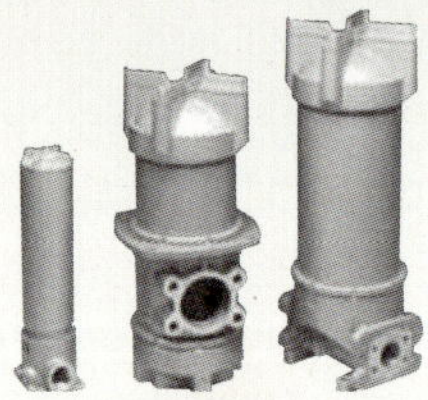	RFN 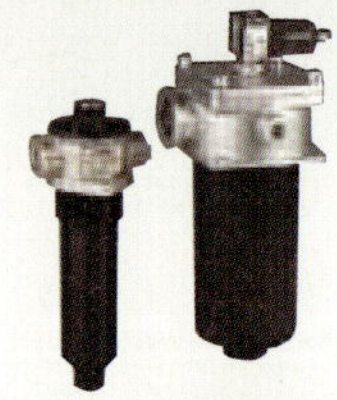
RFD 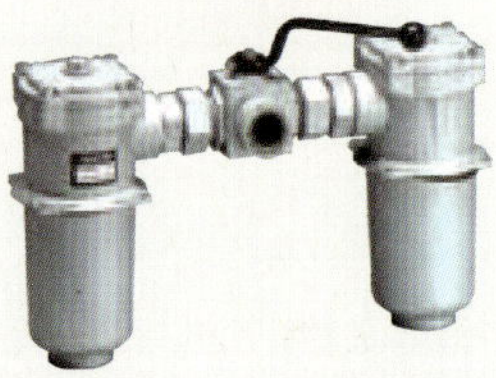	RFL 	RFLD 

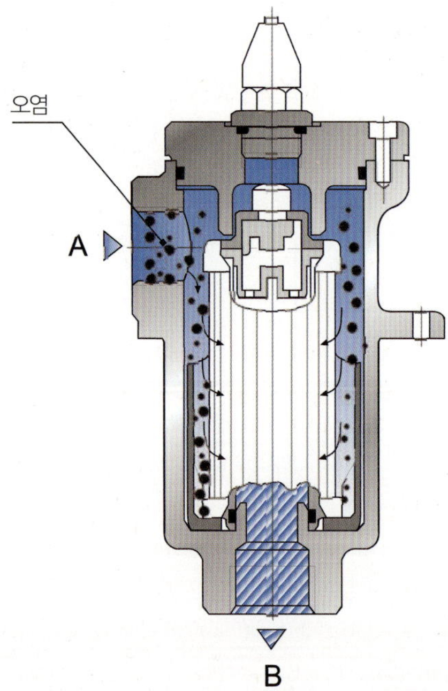

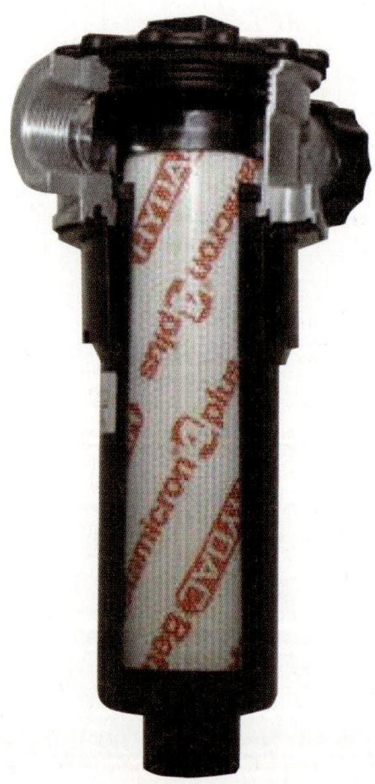

그림 | 리턴 필터

6.1.5 리턴라인 필터

▸ 적용

리턴라인 흡입 필터 RKM는 2개 이상의 회로를 가진 장치에 대한 적용에 특히 적합하다. 이것은 특히 정유압 구동의 이동용 작업기, 즉, 휠 로더, 지게차 그리고 농기계에 적합하다. 이 필터들은 작업조건에서 귀환 유체의 양이 흡입 부분에서 요구하는 양보다 많을 때 고려되어야 한다.

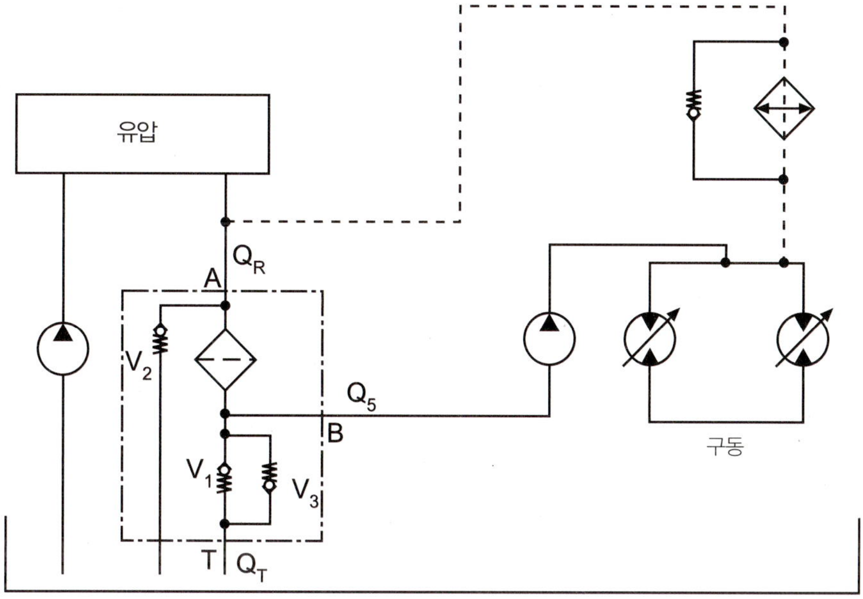

▸ 기능

리턴라인 유량 QR은 하나 또는 여러 개의 "A" 연결을 통해 필터로 공급된다. 유체가 밖에서 안으로 필터 엘레멘트를 통과한 후에(플러싱 과정), 백업백브 "V_1"는 엘레멘트 내부에 0.5 bar의 과압력을 야기하고, "B"(즉, 급유 펌프)에 연결된 펌프의 흡입 특성을 계속해서 유지하도록 해서, 특히 냉간 시동(cold start) 과정에 도움을 준다. 이로 인해 공동 현상의 위험성은 상당히 줄어든다. 남는 유체들은 연결점 "T"를 통해 탱크로 돌아간다. 배압의 증가는 릴리프 밸브 "V_2"의 압력으로 제한된다. 유량의 일부는 엘레멘트를 지나 직접 탱크로 복귀한다. 이런 필터 시퀀스들 때문에 오직 매우 미세하게 여과된 오일만이 흡입포트에 도달한다. 밸브 특성 곡선의 완만한 증가는 높은 점도에서도 리턴라인의 배압이 충분히 낮게 유지되도록 기여함을 뜻한다. 선택적인 밸브 "V_3"를 통해, 오일은 탱크에서, 예를 들어 초기 오일 채울 때와 통기와 엘레멘트의 교환 절차 때, 매우 빠르게 흡입될 수 있다.

시스템 유체 이외에 항상 심하게 오염되어 있는 새는 오일이 정유압 구동기로부터 필터에 공급된다면 회전 축의 씰을 보호하기 위해 필터에서의 허용 누유압력이 초과되지 않도록 주의해야만 한다. 누유관로의 압력 손실과 오일 유체냉각기 그리고 압력 릴리프밸브 역시 고려하여야 한다.

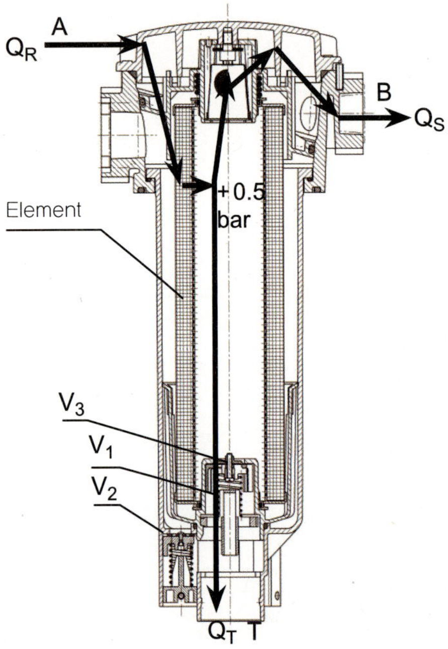

그림 | 리턴라인 흡입 필터의 기능

▸ **장점**

- 구동장치에 주입되는 펌프로 매우 정밀하게 여과된 오일 공급
- 흡입구에 미리 채워진 오일(0.5 기압)
- 여러 필터들을 대체 가능(비용을 감소시키고, 오직 한 번의 엘레멘트 교체가 요구됨)
- 매우 낮은 압력 손실 (저온에서의 완전한 여과)
- 매우 다양한 옵션(오일 냉각기와 연결부 통제를 위한 써모 밸브)

주의

- 복귀되는 유량이 흡입 부분에서 요구되는 유량보다 더 클 때(이용률의 증가)의 방비책
- 이것은 또한 냉각기를 위한 바이패스 밸브처럼 사용될 수 있다. (공동 현상도 피하고 마멸과 찢어짐도 줄어든다.)

연결의 다양성:

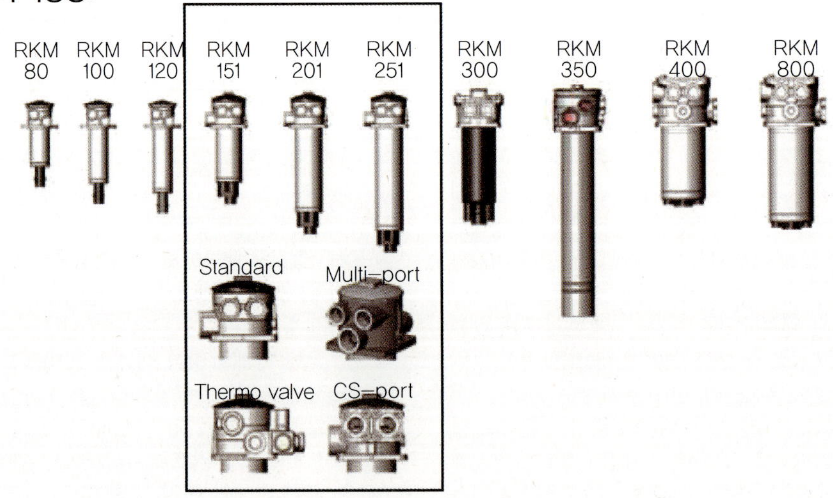

HYDAC에 의해 생산된 RKM 리턴 라인 필터들은, 냉각기에 대해 통합된 써모-바이패스 밸브로 장착되어 있으면 특별한 장점이 있다. 주입라인은 써모 밸브로 가는 라인과 연결된다. 냉간 시동시, 써모 밸브 안의 피스톤의 위치는 필터 엘레멘트에 바로 공급되는 것을 허락한다. 써모 밸브는 가열이 되면 닫힌다. 이것은 뜨거운 오일이 냉각기를 통해 유도됨을 의미한다.

그림 | 써모 쿨러 바이패스 밸브

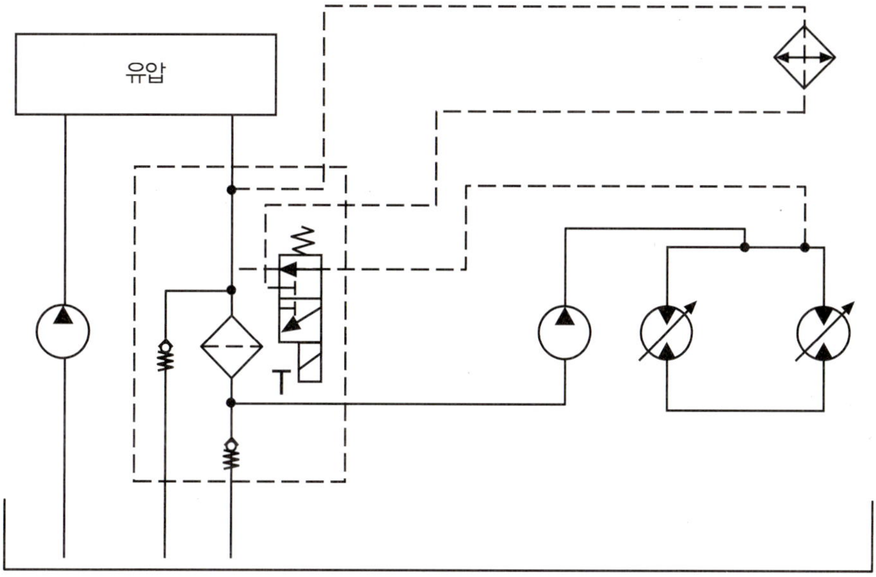

6.2 바이패스 필터

▸ 고성능 유압시스템에는 일반적으로 2개의 바이패스 개념이 있다 :

a. 냉각 시스템의 설계에서 여과 유량을 결정한다. 여과 과정에 포함된 기술적 문제들로 인해, 주 펌프 유량보다 큰 유량으로 정하는 것이 바람직하다.

b. 가장 미세한 입자와 노화 오일의 부산물을 제거하기위한 유지보수 여과 : β_2 값이 200보다 큰, 2 마이크로미터 여과 등급의 필터 엘레멘트를 사용한다. 유량은 필터 적용조건에 따르며, 보통 탱크 용량의 1%로 계산된다. 이 개념들은 보통 시스템 개조 시 적용되며 열-오일 소모에 미치는 영향은 작다.

지속적인 여과로써, 초 미세한 필터 엘레멘트와 연결된 작동사이클과 상관없이 고품질의 유체 청정도(청결도)를 달성할 수 있다. 유체가 필터 엘레멘트를 통하여 지속적으로 여과됨으로 효과적으로 오염물을 분리한다. 더욱이 바이패스 필터들은 주 관로 필터들의 수명도 연장한다. 바이패스 필터가 핵심 부품을 직접 보호하지 않는다. 그래서 바이패스 필터들은 주 라인 필터들과 함께 설치되어야 한다. 오프라인 여과의 이점들은 우선 여과가 주 라인 시스템 밖에서 행해지는 것과, 맥동이 없는 낮은 정상유동으로 오염물 포집량이 매우 높다. 바이패스 필터들은 낮은 압력에 사용되므로 하우징 가격은 상당히 낮다. 마찬가지로 엘레멘트의 교체 비용도 낮다. 왜냐하면, 필터 엘레멘트들이 차압 안정성이 아니라 높은 오염물 포집 능력에 최적화 되기 때문이다. 바이패스 필터들은 유지 보수할 필요가 거의 없으며, 따라서 기계가 정지할 가능성은 희박하다. 바이패스 필터들은 유체의 수분을 효율적으로 제거함으로써, 시스템의 유체 작동 시간을 늘려주고, 결과적으로 유체의 수명 사이클 비용을 상당히 절감한다. 바이패스 필터가 사용되어야 하는 일반적인 경우는 일련의 시험 장치와 세척 장비에서 높은 오염도가 예상될 때, 오염된 환경에서의 대형 플랜트, 분리한 냉각 회로의 설치 기간과 시스템의 큰 유량 변동이 발생할 때이다.

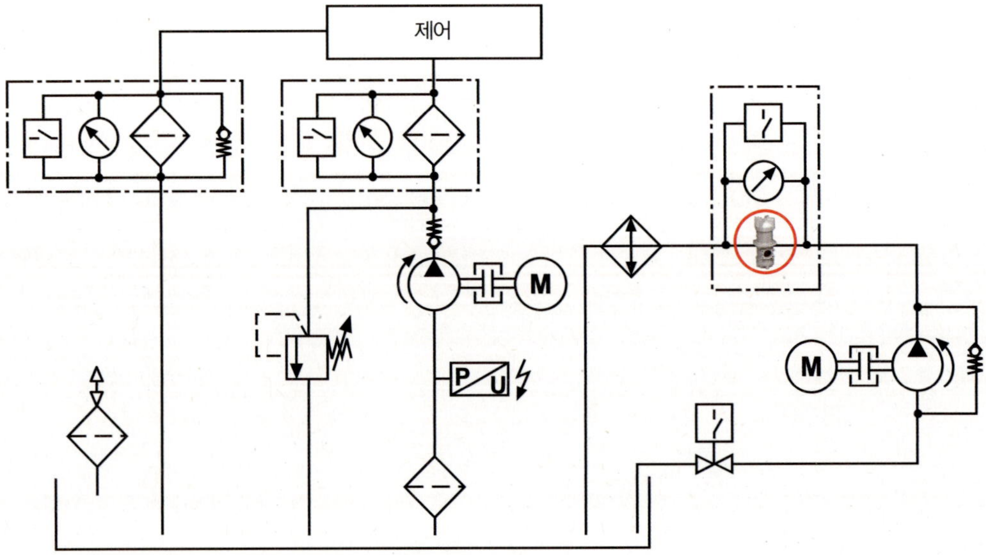

▸ **이점**

- 뛰어난 청정도
- 주 관로 시스템 과 무관하게 여과
- 유량맥동이 없는 낮은 정상 유동으로써 높은 오염물 포집 능력
- 설비 작동정지 없이 필터엘레멘트 교체
- 낮은 원자재 가격으로 비용 절감
- 낮은 보수 시간
- 짧은 고장 정지 시간
- 저렴한 필터 엘레멘트
- 유압 시스템으로 유체 주입이 가능
- 불충분한 여과 시스템의 손쉬운 보강책
- 유체의 수분제거 가능
- 시스템의 유체 수명의 연장

바이패스 필터

NF	OLF	OLF 5
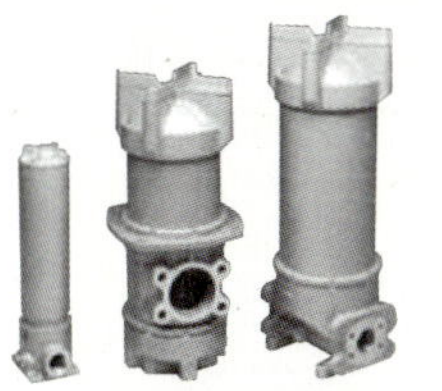		
MRF		

6.3 탱크 통기구 필터

탱크 통기구는 유압 장치의 여과 시스템에서 중요한 역할을 한다. 온도 변화와 실린더/ 어큐뮬레이터의 설치, 두 가지로 인해 유압 장치와 윤활시스템 탱크의 오일양은 지속적으로 변한다. 이로 인해 주변환경과의 압력 차이는 공기의 교환을 통해 균형 잡히고, 결과적으로 오염 입자들이 시스템안으로 침입 하게 된다. 이와 같은 오염물질의 침투는 통기구 필터를 설치하여 방지될 수 있다. 이상적인 통기구(브리더) 필터는 유압 회로의 필터들과 같은 여과 등급을 가져야 한다. 이중 체크 밸브가 있는 통기구 필터를 설치하면 용기와 주변 환경 사이의 공기 교환이 상당히 줄어든다. 이로써 더러운 먼지 오염은 최소화 되고 통기구 필터의 수명은 늘어난다. BD 디자인의 HYDAC 필터들은 수분침투를 방지하며 따라서 유체 성능을 개선한다.

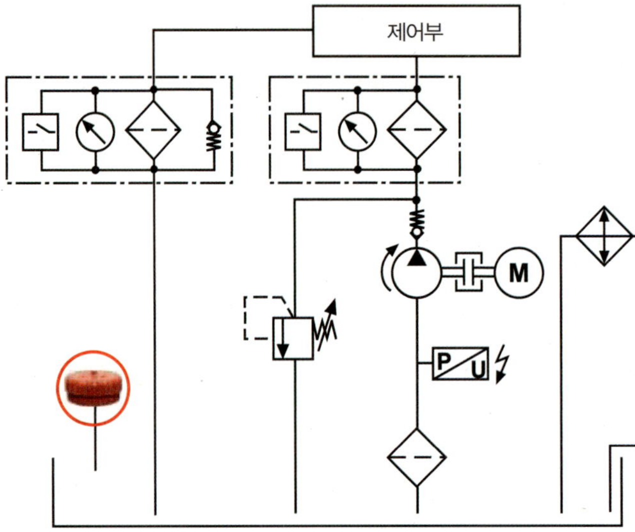

▸ 최적화를 목표한 준수 사항

- 통기구 필터의 여과등급 ≤ 유압 필터들의 여과등급
- 절대 분리도의 통기구 필터만 사용
- **초기 최대 허용 압력 손실** : 0.01 기압 (깨끗한 필터 엘레멘트와 계획된 공기 질량 유동), 오일 수준의 최대 변동폭에 의해 변화

작은 유압탱크들은 통기구 필터를 통해 오일을 주입하거나 또는 통기구 필터가 덮여진다. 하지만 이는 가능하다면 피해야 한다. 탱크에 유체를 충진할때는 반드시 유압 탱크의 별도의 주입구를 이용하거나 또는 리턴 필터 앞의 다른 포트를 통해야 한다. 이와 같은 "강제식" 충전은 이동식 필터 설비를 사용해서 요구되는 청정도의 유체를 충진할 수 있다.

▸ 통기구 기준

- 통기구 필터를 위한 포트들은 가능한 용기 뚜껑보다 높게(최소 20 mm) 설치되어야 한다. 그래야 탱크 위에 쌓인 먼지들이 빨려 들지 않는다.
- 필터 엘레멘트의 오염을 제어하기 위해 오염 지시계는 매우 도움이 된다.
- 뚜껑은 물이 튀는 것을 방지할 수 있어야 한다.

탱크 통기구 필터와 제습기		
BF 	ELF/L 	BDE 

6.4 바이패스 유동에서 탈수

수분 분리를 위해 고안된 특별한 필터 엘레멘트 외에도 , 탈수 또는 배수용으로 다음과 같은 방법이 있다.

6.4.1 끓임

오일에서 수분을 분리하는 또 다른 방법은 유체를 끓이는 것이다. 이를 위해, 장치의 탱크 뚜껑을 열고 환기를 할 뿐만 아니라 장비의 온도도 높아진다. 단점은, 상당량의 오염물이 유체에 접촉할 수 있고, 오일의 노화 과정은 가속된다. 50℃에서 60℃로 온도가 증가되면 오일의 노화 과정을 2배로 가속된다. 오늘날, 이 방법은 예외적인 상황을 제외하고 잘 사용되지 않는다.

6.4.2 다량의 수분 분리

▸ **수분이나 공정용 증기가 지속적으로 시스템에 침투할 때, 사용 가능한 3가지의 분리 방안:**

- 원심 분리
- 합체
- 진공 증발 원리

6.4.2.1 원심 분리

물과 오일의 밀도의 차이로 인해 물은 오프라인 회로에서 분리된다.

▸ **이점**

- 다량의 물의 빠른 분리
- 공정 용수의 첨가물도 배출됨

▸ **절차적 제한**

- 오직 (눈에 보이는) 자유수만이 제거됨
- 효과 증대를 위해서, 통상 오일은 가열되어져야 함
- 오직 광유계 오일에만 적용됨

6.4.2.2 합체(Coalescence)

합체라는 용어는 많은 작은 물방울들이 여과재의 기공을 지나면서 합쳐져 큰 물방울로 바뀌어짐을 묘사하는 말이다. 오일은 합체엘레멘트의 미세한 기공지역을 지나면서 작은 물방울끼리 합체되며 더 큰 기공지역을 지나면서 다시 더 큰 물방울로 합체되고 또 더 큰 기공지역을 지나면서 서로 합체되어 더 큰 물방울이 된다. 커진 물방울들은 침전물처럼 아래쪽으로 흘러내리게 되고, 결국 볼 밸브 또는 자동 밸브에 의해 시스템에서 제거될 수 있다.

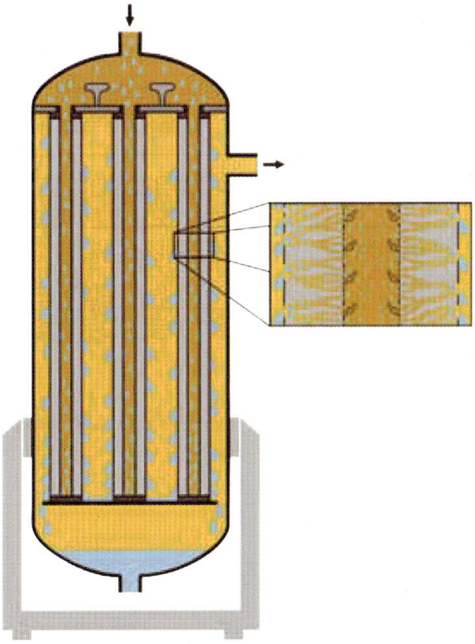

그림 | 합체

합체 공정은 주로 소량의 자유수가 크게 손상을 미치지 않는 시스템 또는 뛰어난 유화방지능력(오일 내 대량의 수분 제거 능력)의 오일을 사용할 때 주로 사용된다. 합체 엘레멘트의 수명 연장을 위해 오프라인 회로에서 적용 가능하며, 사전 여과가 필요하다.

그림 | 오일의 자유수 분리를 위한 필터 OLS

이점

- 바이패스 라인에 간단히 설치
- 손쉬운 수분 제거, 오일(유체)에 거의 영향을 주지 않음.
- 공정 용수의 첨가물들 또한 추출

절차적 제한

- 오직 자유수만 분리 가능
- 1000 kg/m^3 보다 큰 밀도의 작동유(예: 에스테르 기반의 유체, 폴리글리콜)에는 부적합
- 합체 엘레멘트는, 입자에 의해 물방울의 이동이 방해 받지 않도록 전단의 보호 필터를 설치하여 보호 받아야 함

6.4.2.3 진공 증발 원리

진공 증발은 물의 비등점이 저압으로 낮춰지거나 진공 상태에 있다는 사실을 기반으로 한다. 이 과정은 바이패스 라인에서 사용된다. 오일은 진공 원통으로 흘러 들어가서 노즐을 통해서 분사된다. 공기는 오일 주입 반대 방향으로 유도된다. 공기가 진공원통에 도착하면, 낮아진 압력과, 오일 온도에 맞춰진 공기 온도로 인해 상대습도는 줄어든다. 공기는 수분을 더 잘 수용하게 되어, 오일로부터 수분을 제거한다. 수분이 포화된 공기는 진공 펌프를 통해서 대기로 배출된다. 이 절차에 의해 자유수, 유화, 용해된 수분의 제거가 가능하다. 포화도 10% 미만의 몇 ppm 정도의 잔류 수분을 얻을 수 있다.

그림 | 종합 탈수기 FAM 25-95

▸ 이점

- 자유수와 용해수의 제거
- 광유계 오일과 급속 자연분해 오일(바이오 오일) 뿐 아니라 내화성 유체에도 적합
- 유체의 수분이 제거되고 동시에 공기도 제거됨(공기를 통한 오염)
- 적은 양의 잔류수분으로 유체 노화의 감소와 롤러 베어링의 수명 증대
- 소모품 사용 없이 수분을 분리

▸ 절차적 제한

- 자유수의 탈수 속력의 한계, 최대 2-5 l/h; 유화, 용해된 물은 $<$ 1 l/h

6.4.3 탈수 방법의 선택

적절한 탈수 절차의 선택은 기기에 따라서 다르다.

	성질	적용 분야
탱크 통기구 필터	• 오일을 포화 수준 이하로 건조 • 낮은 분리 속도	• 습한 환경의 시스템, 예를 들어 실린더 드라이브와 작은 용량의 구동장치
아쿠아미크론® 수퍼업소버	• 자유수의 분리 • 필터 엘레멘트에서 수분과 화학적 결합 • 한정된 수분 보유 능력	• 작은 시스템에서 오일 교환 후의 남은 수분 제거 • 에스테르 기반 유체에 주의
합체 Coalescence	• 자유수의 방울들을 모아 자유수를 분리 • 엘레멘트 수명의 한계 없음	• 저점도, 시스템적으로 수분이 침투되는 윤활, 유압시스템 • 광유계오일만 가능
원심 분리	• 물/기름 사이의 밀도 차이에 의한 • 자유수 분리	• 손상입은 후 빠른 수분 분리 • 장비 가격과 운영 비용이 높음
진공 증발 건조	• 진공에서 비등점 저하를 통해 자유수 및 용해수의 분리	• 공정상 수분이 침투하는 설비 • 광유와 에스테르 유의 보존, 예를 들어 터빈 윤활, 제지기, 철강 기기

6.5 오염 지시계

필터 엘레멘트의 교체 시점을 모니터링하고 제어하기 위해, 여러 가지 디자인의 오염 지시기가 사용된다. 필터 엘레멘트의 배압/ 차압을 측정한다. 만약 시각적인 표시가 사용된다면, 그것은 케이싱의 일부에 의해 가려 져서는 안 된다. **이 문제는 전기적 지시계에서는 발생하지 않는다. 전기적 지시계는 교체시점을 전기적 신호로 표시하므로 매우 접근하기 어려운 장소에 알맞을 수 있다.** 필터는 통합된 차압 시스템이 작동되도록, 모든 막힘 지시계를 거쳐 유체가 흘러야 한다.

▸ 적합한 막힘 지시계 선정시, 고려사항:

- 바이패스 밸브가 열리기 전 10% 이하에서 표시 반응해야 한다.
- 반응 압력의 허용 범위는 항상 바이패스 밸브의 반응 압력 이하여야 한다.(바이패스 밸브의 허용 범위를 관찰하라)
- 필터 엘레멘트의 교체 여부는 장치가 적당한 작동 온도에 도달했을 때 결정할 수 있다.
- 생산 장치들에는 사전 경고 신호의 막힘 지시계가 장착되어야 한다.

차압, 막힘 지시계의 단면도:

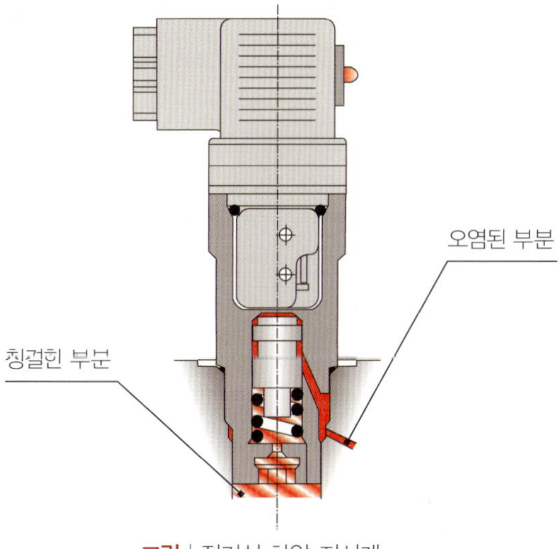

그림 | 전기식 차압 지시계

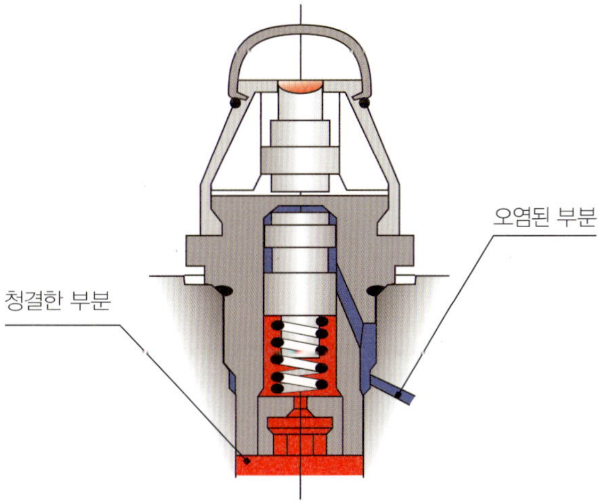

그림 | 광학식 차압 지시계

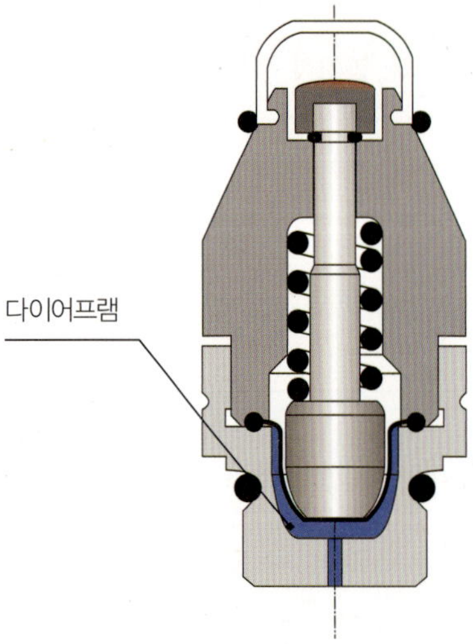

그림 | 광학식 막힘 지시계

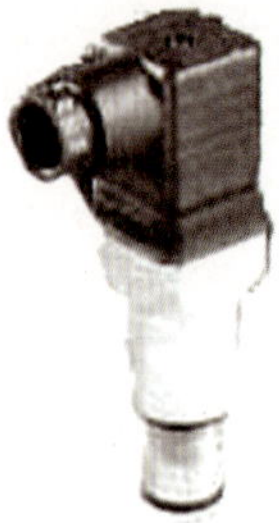

그림 | 1개의 교체점이 있는 오염 지시계

그림 | 2개의 교체점과 광학 디스플레이가 있는 막힘 지시계

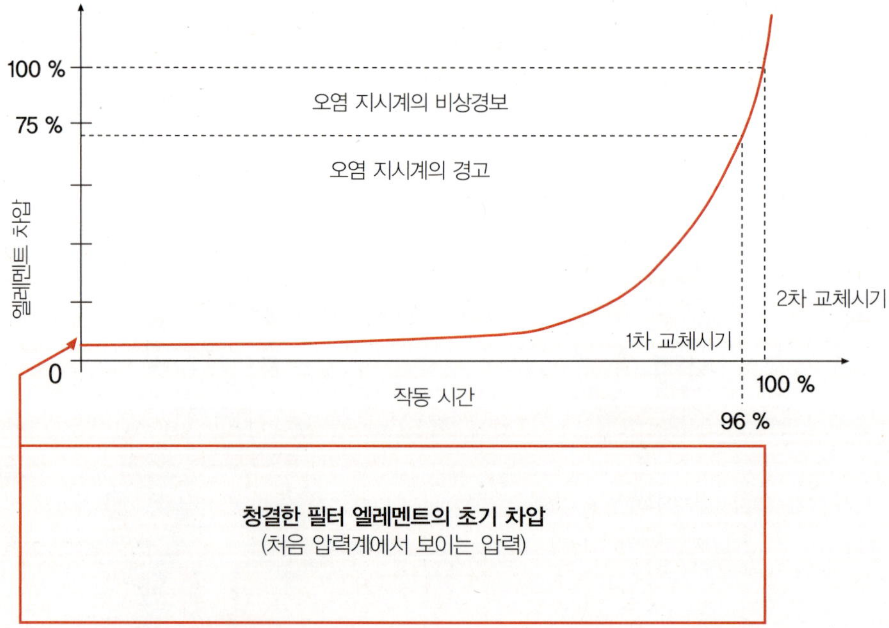

6.5.1 전자식 오염 지시계

▸ 디자인

전자식 막힘 지시계는 하우징 내부에 아날로그 압력 센서로 구성된다. 이 장비는 연속적인 시스템 여과 제어를 수행한다.

그림 | 전자식 오염 지시계

그림 | 단면도 : 전자식 막힘 지시계

▸ 특징과 장점

- **아날로그 압력 센서와 차압 센서가 한 장치 안에 있음**
  높은 정확도, 줄어든 케이블 작업
- **오염된 부분과 깨끗한 부분의 중간 분리**
  누유 없음
- **움직이는 부품 없음**
  먼지 저항성
- **전자식 측정값 기록**
  정밀하고, 낮은 히스테리시스의 스위칭
- **영점 재교정**
  신뢰할 수 있는 장기간의 측정
- **파라미터로 나타낼 수 있음**
  고객별 타입과 반응압력, 디지털 출력, 초기 시동 억제, 압력 최대 억제 등 구체적인 세팅 가능
- **차압에 대해 광범위 한 아날로그 측정 범위**
  D_p = 0bar일 때부터 측정값 기록; 바이패스 모니터링을 하고 계획적인 필터 엘레멘트의 교체 가능
- **최대 25bar의 필터이전의 아날로그 측정값**
  릴리프 밸브의 상류 압력의 모니터링
- **아날로그 측정 기구**
  필터 상태 모니터링으로 플랜트의 안전 증대 적용

▸ 적용

- **필터**
  (리턴라인) 배관과 25bar까지의 바이패스 필터에 적용
- **시스템**
  윤활 시스템과 일반 유압장치
- **응용 부문**
  발전소, 제지, 풍력 발전, 계측 시험기

6.6 요약

필터 배치	장점	단점	필터 지정을 위한 안내서 참고
통기구 필터	• 탱크 환기를 통한 오염의 유입을 방지함으로써 시스템 필터를 부담을 줄임 • 가성비 좋음 • 친환경적임	• 필터가 정확한 사이즈가 아니면, 탱크와 펌프 손상	ELF, BF, BL, ELFL, BLT, BDE
흡입 라인	• 펌프 보호	• 굵은 입자 여과만 허용 • 낮은 차압이 요구되는 펌프의 흡입 조건으로 인해 넉넉한 크기의 필터 사이즈로 만들어져 굵은 입자만 여과 • 높은 가격 • 펌프 이후의 부품에 대해 펌프 마멸물질에 대한 보호 없음 • 많은 제어용 펌프에 부적합 • 최소의 시스템 보호 • 대기압보다 낮은 압력에 대한 펌프 보호가 절대적으로 필요할 때	SFE, SF, MF, MFD, LPF, LF, RFL, RFLN, SFM, SFF, SFFR, SFAR
압력 관로	• 직접적인 장치 보호 • 시스템의 일반적 청결에 기여 • 고 효율의 초 미세 필터 엘레멘트 사용 가능 • 펌프의 마멸을 여과	• 하우징과 엘레멘트가 시스템 최대 압력으로 설계되어 고가임 • 필터 이후의 부품들 외에, 오염물은 여과 되지 않음 • 높은 에너지 비용	DF, DFZ, DFN, DFNF, DFP, ILF, MDFR, MDF, MFM, LPF, LF, MF, MFD, LFM, DFM, LFN, LFNF, LPF, LPFR, LFR, DFF, DFG, DFDK, DF..M A, DF…Q, E, HFM, HDF, DFPF, LPF… D A, LPF…/–TH, LPF…GGA, MFM …L, MFM…/OIU
리턴라인	• 유압 탱크에 들어가기 전에, 부품의 마멸, 닳은 와이퍼를 통해 생성된 오염물질을 여과 • 필터 하우징의 압력이 낮을수록 더 적은 비용 • 관로 또는 탱크에 통합 가능	• 펌프에 대한 보호가 없음 • 리턴라인의 유동 맥동은 필터의 성능 저하 유발 • 직접적으로 부품 보호 안됨 • 복귀 유량이 탱크의 펌프 유량보다 자주 더 커지기 때문에 대형 필터 설치 필요함	RF, RFM, RKM, RFL, RFLD, RFN, RFD, RFND, RFLN, RFLR, RFMR, RKMR
바이패스 라인	• 시스템 전원이 꺼져있을 때도 유압 유체의 지속적인 청결 유지 • 작동 중에도 유지 보수가 가능 • 필터의 성능은 유량 변동에 영향을 받지 않으며 최적의 수명과 필터 장치의 성능을 제공 • 탱크를 새롭게 여과된 오일로 채우는 것이 가능 • 특정한 청정도를 보다 정확히 달성 및 유지 • 필요하면 유체의 냉각을 위해 통합 가능	• 비싼 투자 비용 • 추가적 공간 요구 • 직접적으로 부품 보호 안됨	NF, NFD, LF, MF, OLF, FCM, OF

Notes

7 필터의 선정

Introduction to Filter Technology

필터의 성능은 유압 또는 윤활시스템의 설치 장소와 그 역할에 따라 크게 좌우된다. 잘못된 곳에 설치되거나 미숙하게 작동되면, 청정도와 시스템의 신뢰성에도 부정적 영향을 미치며 필터는 완전히 쓸모 없이 될 지도 모른다.

▸ 여과 개념을 설계 할 때 주의 깊게 살펴야 할 기본 원칙들:

- 먼지 입자들(오염 물질)이 유압, 윤활 시스템로 침입하는 것을 방지해야 한다. 고효율의 주입용 필터와 통기구 필터들을 사용해야 한다. 여과율은 주 라인 여과에 사용되는 것보다 한 단계 더 정밀하도록 선정해야 한다.
- 오염이 시스템으로 침입했든 내부에서 발생했든, 가능한 즉시 제거되어야 하며, 이로써 위험한 반응 물질이 유압 또는 윤활 오일에서 형성되는 것을 예방할 수 있다.
- 필터의 기공은 부품의 마멸을 줄이기 위해 임계 간극 수치 보다 작아야 한다.
- 오일을 충진할 때는 시스템 필터 보다 한 단계 더 정밀한 여과 등급의 충전 장치를 사용해야 한다.
- 시스템 필터에 대한 충전 장치는 추후의 유지, 수리, 기계의 설치에 도움을 준다.

▸ 필터 사이즈, 여과등급, 디자인 선택 시 준수 사항:

- 유압 장치 부품의 오염 민감도 (제조사의 데이터 시트에서 요구되는 여과 등급 또는 청정도를 준수할 것)
- 유압 장치의 설치 장소, 예를 들어 실험실, 공작기계 생산, 철강 공장 등
- 필터 통과 유량의 계산. 이는 때로 최대 펌프 유량보다 클 수 있다. (예를 들어 차동 실린더 또는 여러 회로로부터의 리턴라인)
- 사용전 엘레멘트와 점도에 따른 차압 기준(하우징과 엘레멘트)
- 필터 엘레멘트의 허용 차압은 필터가 설치된 장소의 시스템의 조건에 대응해야 한다.
- 유압 유체와 필터 재질의 호환성
- 필터 하우징에 대한 압력노출(압력에 노출 되었을 때 필터 하우징의 영구적 안정성)
- 필터 디자인
- 어떤 종류의 오염 지시계를 사용하고 싶은가? (광학식, 전기식, 전자식). 부품 보호용 압력필터는 바이패스 밸브를 설치하지 말 것
- 작동 온도(결정된 유압 유체의 작동 점도는 필터의 사이즈 결정에 중요한 요소임)

7.1 목적에 따른 필터 범주

안전 필터와 작동 필터의 구분:

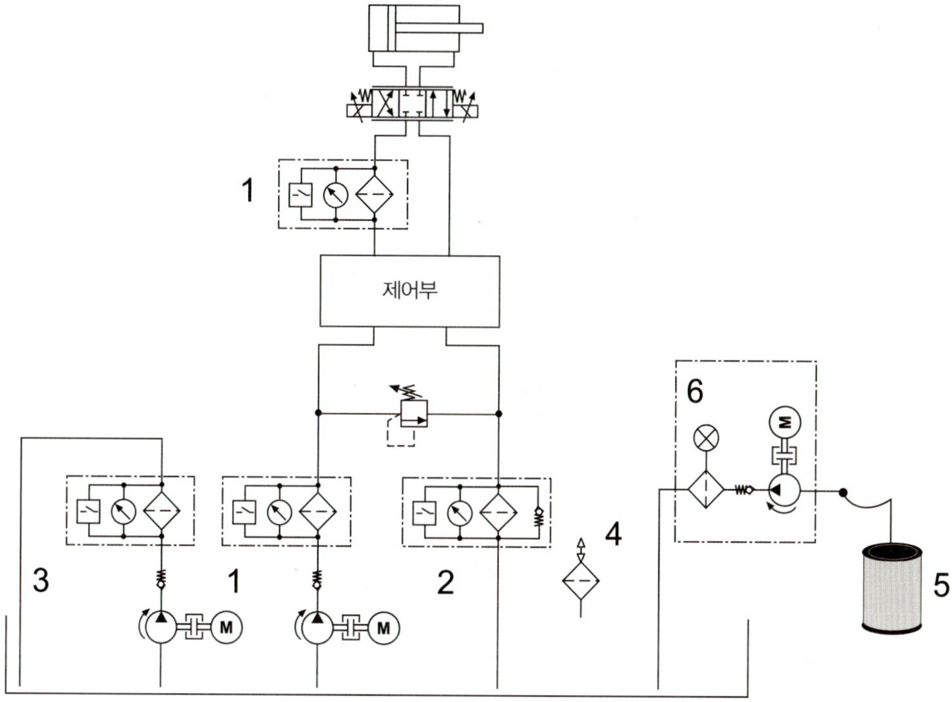

1. 안전 필터, 즉 바이패스 밸브가 없는 압력 필터
2. 작동 필터로 사용되는 리턴라인 필터
3. 작동 필터 또는 유지보수 필터로 사용되는 바이패스 필터
4. 탱크 통기구 필터
5. 신유 탱크
6. 보충유 주입용 필터

그림 | 작동, 안전, 통기구 필터의 기본 회로도

안전 필터	작동 필터
부품 보호	시스템 오염 제거 기능
바이패스 밸브 없음	필터가 설치된 곳에서, 가능한 최소 맥동의 유동
장기간의 마멸 방지 불기	비이패스 밸브의 옵션 사용 기능
작동 필터보다 더 거친 필터	필터 막힘 지시계가 권장됨
고 차압 저항의 필터 엘레멘트	저 차압 저항 엘레멘트의 사용 가능

7.1.1 작동 필터

작동 필터는 리턴라인 필터 또는 바이패스 밸브와 바이패스 필터(오프라인 필터)가 있는 압력 필터이다.
작동 필터는 저압 필터 엘레멘트와 함께 설치된다. 필터 엘레멘트 면적이 넓은 디자인의 특징은 높은 오염물 포집 용량과 연관된다.
귀환, 압력 필터가 작동필터로써 최적으로 사용되기 위하여, 그것들은 유압 시스템 내 가장 유량이 큰 곳에 대용량으로 위치하여야 한다. 이 필터들은 또한 관로(파이프)의 오일 배출용도로 사용될 수 있다.

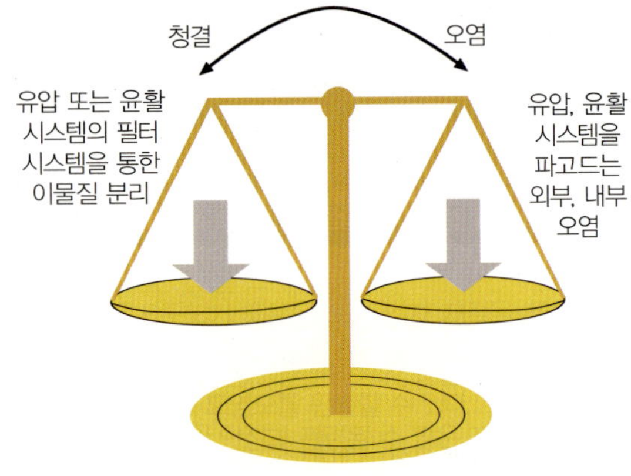

그림 | 작동 여과

7.1.2 안전 필터

이 필터들의 목적은 높은 고형물 오염에 의한 돌발 고장에 대해 유압 부품을 보호하기 위함이다. 이는 유압 부품의 갑작스런 막힘을 초래할 수도 있는 입자들만 여과해야 함을 의미한다.
안전 필터의 또 다른 임무는 유압 펌프 또는 모터가 고장났을 때 유압 시스템을 보호하는 것이다. 이런 종류의 필터 설치는 유압 펌프 또는 모터의 고장으로 인한 높은 수리비용을 방지할 수 있다.

필터가 서보 또는 비례 제어 밸브 앞에 설치된다면, 체크 밸브에 의해 필터 엘레멘트에 최고 부압이 걸리지 않도록 필터 시퀀스가 선정되어야 한다.
필터는 시스템 내부에 설치된 작동 필터보다 상당히 거친 순도의 필터이어야 한다. 전체 사이즈는 보다 작으며, 필터 하우징에 바이패스 밸브는 없다.
고압에서 높은 안정성을 갖춘 필터 엘레멘트만이 사용되어야 한다.

7.2 적합한 필터 청정도의 결정

전체 설비의 청정도는 유압 시스템의 가장 오염에 민감한 부품이 요구하는 청정도에 의한다. 가장 민감한 부품이 전체 시스템의 여과 등급을 결정한다.
특정 청정도를 달성하기 위하여 (β ≥ 200)의 절대 여과 등급을 가진 필터 엘레멘트를 사용하여야 한다.
시스템과 환경의 조건에 따라 같은 순도의 필터 성능은 서로 다르게 작용한다.

전형적으로 아래의 유체 청정도는 HYDAC 장치를 사용해서 성취된다:

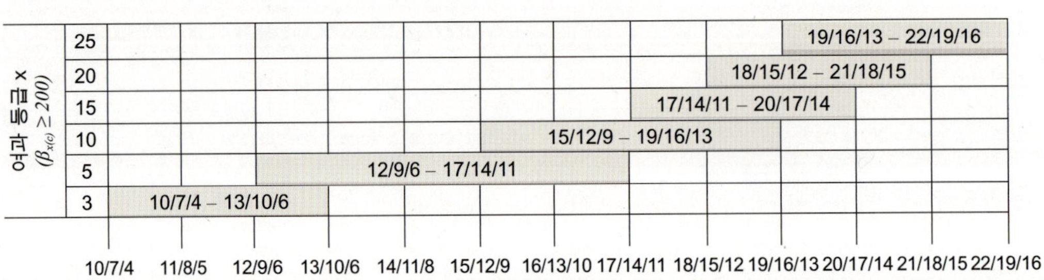

7.3 적합한 필터 엘레멘트의 선정

HYDAC은 여러가지 필터 엘레멘트 디자인, 고객의 요구에 따른 최적화 등 다양한 목적을 만족시키기 위해 오래동안 개발하여 왔다. 따라서 HYDAC은 각각의 기술적 해결책에 대해 경제적이고 최적화된 필터 엘레멘트를 제공할 수 있다. 아래의 표는 필터 엘레멘트들의 적용 범위를 보여준다.

전형적인 특징	엘레멘트명	필터 엘레멘트 구조
	매우 미세한 필터 합성 재질	
Betamicron® BN4HC(20 bar) BH4HC(210 bar) BNK(20 bar) BHK(210 bar) 	• 다층 지지, 주름잡힌 필터 메쉬 팩, 플라스틱 보호 직물의 유리 섬유 양모로 구성	• 높은 오염 포집율 • 고효율의 입자 분리 • 압력과 유량 변동에 대한 강한 저항
Mobilemicron MM 	• 다층 지지, 주름잡힌 필터 메쉬 팩, 합성 섬유 양모로 구성	• 고효율 입자 분리 • 낮은 차압 • 충분한 오염 포집 • 제한된 사용공간에서도 고성능 여과
Ecomicron ECON2 	• 다층 지지, 주름잡힌 필터 메쉬 팩, 합성 섬유 양모로 구성 • 지지 파이프와 앤드-캡은 전도성 플라스틱 엘레멘트, 불연성 플라스틱으로 완성됨	• 고효율 입자 분리 • 낮은 압력 강하 • 높은 오염 포집 • 처리하기 쉬운 고품질의 플라스틱 사용 • 저 중량 • 금속 없음
Lubimicron G/HC 	• 다층 구조, API 규정에 따라 별모양 성형으로 접혀져서 메쉬 팩을 지지	• 필터 용량은 플라스틱 섬유 양모등 재질에 따라 • 윤활 시스템을 위해 특별히 개발된 필디 엘레멘트 • 오프라인 여과에 특화됨
Dimicron® DM 	• 깊은 여과층과 표면 여과층의 결합	• 높은 오염물 포집능력(500 g/엘레멘트) • 고효율 입자 분리 • 1회 통과로도 높은 청정도 획득
MegaRheo MR 		• 얇은 층으로 깊이 누진형 필터 = 여과하기 어려운 유체에서도 긴 수명 • 낮은 차압 = 높은 오염 포집 용량 • 견고한 양모 지지 = 유량맥동으로 인한 여과재 변형 방지 • 높은 유량 대비 소형 하우징 • 표준화된 치수로 타사 제품과의 호환성

전형적인 특징	엘레멘트명	필터 엘레멘트 구조
DekaRheo DR 		• 깊이 누진형 여과 = 1회통과로도 높은 청정도 획득 • 두터운 필터 여과재 =높은 오염물 포집 용량 • 표준화된 치수로 타사 제품과의 호환성
Wombat WB 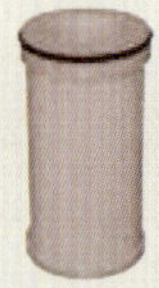		• 별모양으로 접힌 필터 표면의 백필터 = 높은 오염 포집 용량 • 안에서 밖으로 유체 흐름 = 필터 엘레멘트 교체 중 청결한 면으로의 오염 누출 없음
WaterRheo		• 합체 엘레멘트를 통한 무제한 수분 분리(수분 흡수 없음)
종이 섬유		
종이 엘레멘트 P/HC 	• 간단한 지지, 주름 잡힌 유기농 종이 양모	• 가장 저렴한 엘레멘트 • 낮은 입자 분리와 오염물 포집 (보통 페놀 수지로 채워짐) (일반적으로 다순환 불가능) • 낮은 차압 • 낮은 붕괴/파열 압력(바이패스 절대 필요)
스테인리스 강과 와이어 메쉬 재질		
와이어 메쉬 또는 Dutch weave W/HC or T/HC 	• 다중 또는 한 개의 층 지지, 별모양으로 접힌 정방형 메쉬, 스테인리스 강 또는 평직 더치(Dutch) 망으로 제작다중 또는 한 개의 층 지지, 별모양으로 접힌 정방형 메쉬, 스테인리스 강 또는 평직 더치(Dutch) 망으로 제작	• 여과 성능과 오염물 포집 용량이 낮은 보호용 필터
케미크론 Chemicron과 metal fleece V 	• 다층의 메쉬팩, 별모양으로 접혀 있으며, 소결처리 된 스테인리스 강 재질의 망	• 엘레멘트 속에 사용되는 부품들은 완전한 스테인리스 강으로 제작. "메탈 메쉬 V"의 엘레멘트 타입에서 부품들은 2가지의 부품으로 접착(최대 온도 100 ℃). "Chemicron" 엘레멘트에서, 엘레멘트 부품들은 접착제를 사용하지 않고 결합됨

7.4 유속의 제한

연결 관로에서 유속은 특정 값을 초과하지 않으므로, 필터 사이즈에 따라 특별한 최대 체적 유동이 추천된다. 경험을 토대로 권장되는 특정한 가이드 값이 있다. 적용 분야에 따라 예외도 있다.

가능한 최대 체적 유동 :

필터 구조 유형	최대 작동 압력	최대 유속	파이프 관로와 나사 연결
흡입 필터		1.5 m/s	가벼운 범위
리턴 라인필터	40 bar 까지	4.5 m/s	가벼운 범위
관로 필터	100 bar 까지	4.5 m/s	가벼운 범위
중압 필터	280 bar 까지	8 m/s	무거운 범위
고압 필터	420 bar 까지	12 m/s	무거운 범위
바이패스 유동	10 bar 까지	3 m/s	가벼운 범위

연결 관로(파이프)에서 아래 유속을 초과해서는 안됨 :

연결	최대 유량 [l/min]				
	흡입필터 1.5 m/s	리턴 필터 4.5 m/s	관로필터 100 bar 4.5 m/s 까지	관로 필터 280 bar 8m/s 까지	관로필터 420bar 12 m/s 까지
G ½	14	42	42	46	68
G ¾	23	69	69	74	111
G 1	37	112	112	119	178
G 1 ¼	59	178	178	182	274
G 1 ½	92	275	275	295	443
DN 50	175	525	725	950	1,425
DN 65	296	887	1,225	1,606	2,408
DN 80	448	1,344	1,856	2,432	3,648
DN 100	700	2,100	2,900	3,800	5,700
DN 125	1,094	3,281	4,531	5,937	8,906
DN 150	1,575	4,725	6,525	8,550	12,825
DN 200	2,800	8,400	11,600	15,200	22,800
DN 250	4,375	13,125	18,125	23,750	35,625

7.5 필터 치수

한 치수 더 큰 필터는 수명에 긍정적이지만 투자 비용이 증가하여 부정적이다. 만약 너무 작게 치수를 선정하면, 즉 가능한 한 작은 필터를 선택하면, 투자비의 감소에도 불구하고 수명 감소와 부품 보호 불량의 위험이 초래된다. 목표는 물론 전체 시스템의 수명 주기를 고려하여 가장 경제적인 필터를 정하는 것이다.

▸ 필터 엘레멘트 크기의 결정에 도움 주는 사항들:

- 설명서 상의 하우징과 엘레멘트 압력 손실의 특성 곡선
- 필터 설계 프로그램 Size-IT(= 필터 설계 컴퓨터 프로그램)
- 개념 설계 도구 Optimize-IT(= 시스템 최적화 컴퓨터 프로그램)

재질, 여과 등급과 디자인을 결정 후 필터 크기는 결정될 수 있다. 여기서 필터의 초기 압력 강하는 특정 값을 넘지 않거나 또는 최대한 이 값에 가깝게 할 수 있다. (아래의 표 참조).

용도	필터 구조	전체 초기 차압(새 필터 엘레멘트)
작동 필터	리턴 필터, 바이패스 밸브가 있는 압력 필터	0.15 to 0.2 • $p_{display}$
	바이패스 필터, 인라인 필터, 별도 유닛	0.15 to 0.2 bar
안전 필터	바이패스 밸브가 없는 압력 필터	0.3 • $p_{display}$
	흡입 필터	0.04 bar
이 필터는 무-아연 무회탄 윤활과 유압유에 사용됨		면 하중 : 0.02 to 0.03 L/min/cm² 필터 엘레멘트의 구조 : 스태프리(Stat-free)

7.5.1 개별 설명서에 따른 필터의 치수 선정

필터의 전체 압력 손실(특정 체적 유동에서)은 하우징-Δp와 엘레멘트 -Δp 로부터 아래와 같이 계산된다...

예)

$$\Delta p_{tot} = \Delta p_{housing} + \Delta p_{element}$$

$$\Delta p_{housing} = \text{하우징특성으로부터계산가능(설명서의사례참조)}$$

$$\Delta p_{element} = Q \bullet \frac{\text{엘레멘트의피치계수}}{1000} \bullet \frac{\text{작동점도}}{30}$$

▸ 리턴 라인 필터의 설계:

- 탱크-탑 필터
- 타입 RFM 150
- 엘레멘트 재질 Betamicron®4
- 10 μm의 여과 등급
- 리턴 라인에서의 유량 : 60 l/min
- 시스템 펌프 : 30 l/min
- 탱크 용량 : 100 l
- 작동 유체 : ISO VG 46
- 작동 온도 : 40 ℃

▸ Note:

40 ℃의 온도에서, 이 유체의 작동 점도 수치는 대략 46 mm²/s이다 (항상 제조사 발행 오일 데이터 참조)

최대 초기 차압의 사양 : $0.2 \bullet P_{Indicator} = 0.2 \bullet 2\ bar = 0.4\ bar$

$$\Delta p_{element} = Q \bullet \frac{y/X}{1000} \bullet \frac{\text{점도}}{30} \qquad \Delta p_{element} = 60 \bullet \frac{4.0}{1000} \bullet \frac{46}{30} = 0.368\ bar$$

(안내서 "필터 엘레멘트" 또는 "RFM"의 0150 R 010 BN4HC 엘레멘트에 대한 y/x 피치 계수를 확인)

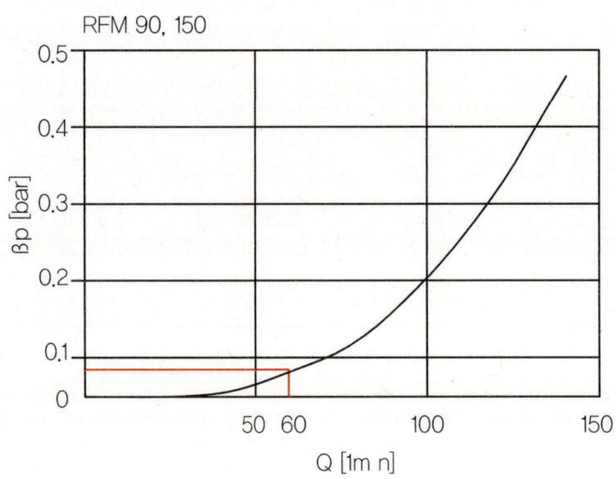

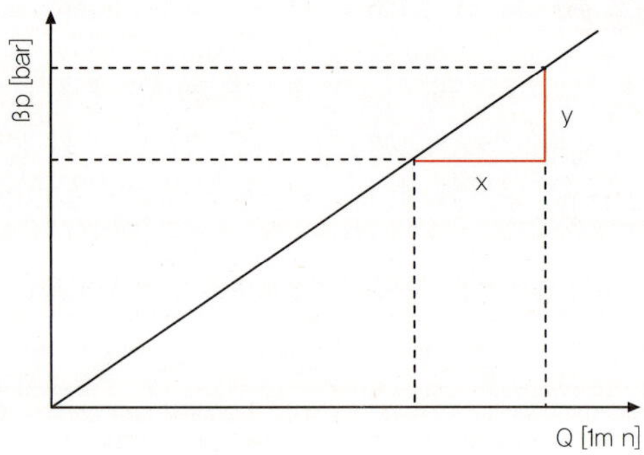

$$\Delta p_{tot} = \Delta_{phousing} + \Delta_{pelement}$$

$$0.09 + 0.368 = 0.458\ bar$$

▸ **결과**

필터의 압력 손실 값이 요구 조건보다 근소하게 상회하므로 필터의 치수는 정확히 선정되었음

7.5.2 컴퓨터 필터 설계 프로그램 "Size-IT"에 의한 필터 설계

Size-IT는 컴퓨터 지원의 필터 설계와 개별 시스템의 검정, 응용 프로파일을 제공한다.

Size-IT는 이전 사례에서 힘들여 단계별 진행했던 계산들을 자동으로 수행한다. 도표에서 데이터를 읽을 때 가능한 실수들이 방지되며, 상당한 시간을 절약할 수 있다.

"Size-IT"에 의한 필터 설계 과정의 사례 :

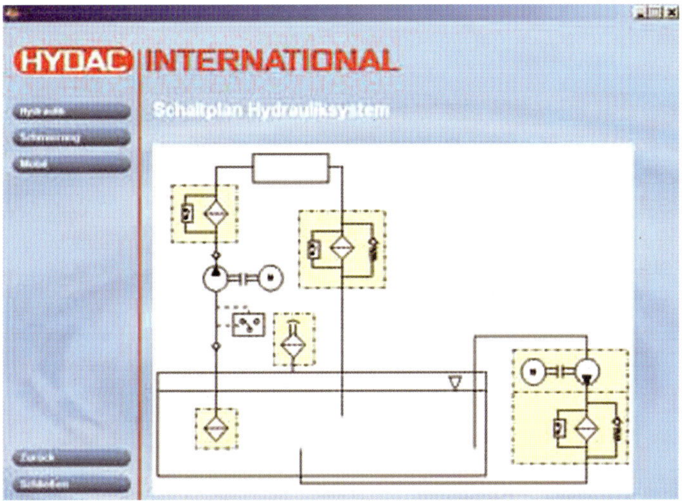

그림 | 유압 회로의 필터 유형 선택

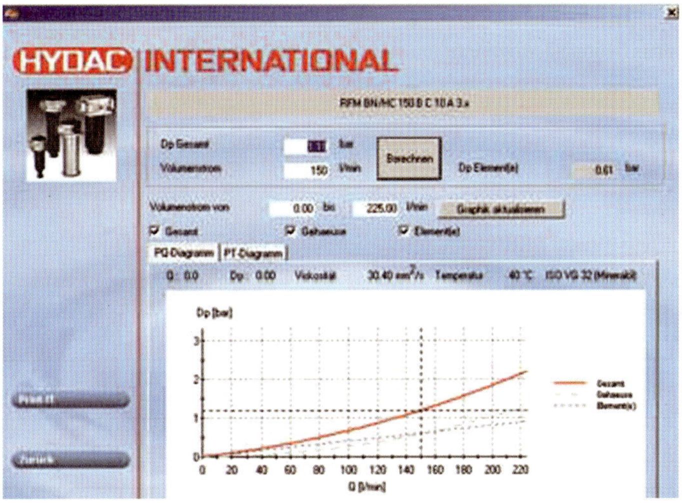

그림 | 선택한 필터 유형의 엘레멘트, 하우징, 전체 특성의 묘사

7.5.3 개념 창작 도구 "Optimize-IT" 사용 예상 오염율에 따른 필터 치수 선정

"Optimize-IT"을 사용하여 서로 다른 여과 개념들에 대한 청정도와 성취 가능 수명을 계산하여 비교할 수 있다. 예상되는 오염에 기초하여 최적의 필터와 필터 크기를 조합할 수 있으며, 년간 엘레멘트 비용을 구체적으로 계산할 수 있다.

전자 도구 "Optimize-IT"를 사용한 개념 최적화의 사례:

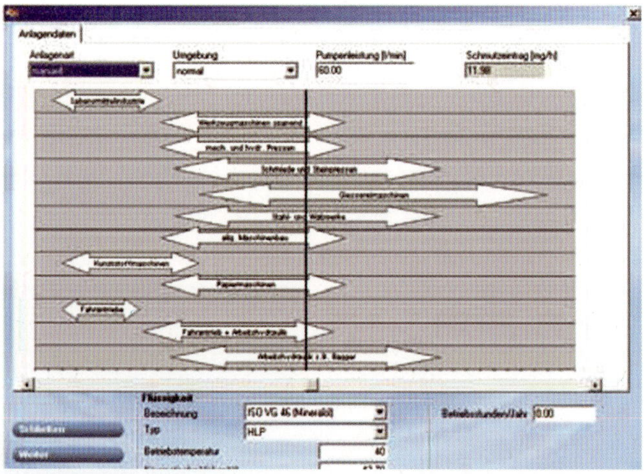

그림 | 특정 시스템의 예상 오염도 결정

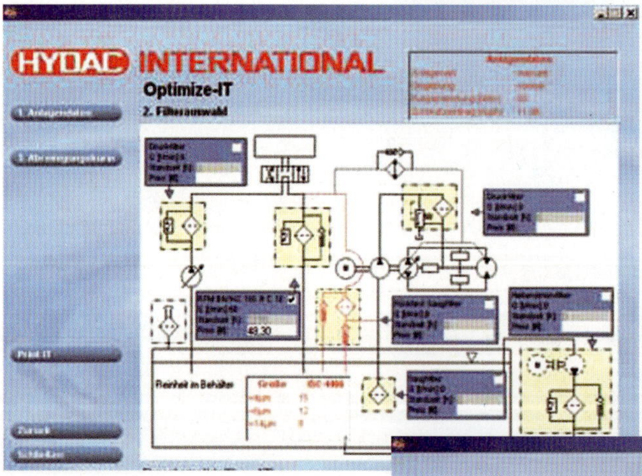

그림 | 정비 시간과 필터 엘레멘트의 년간 비용 계산

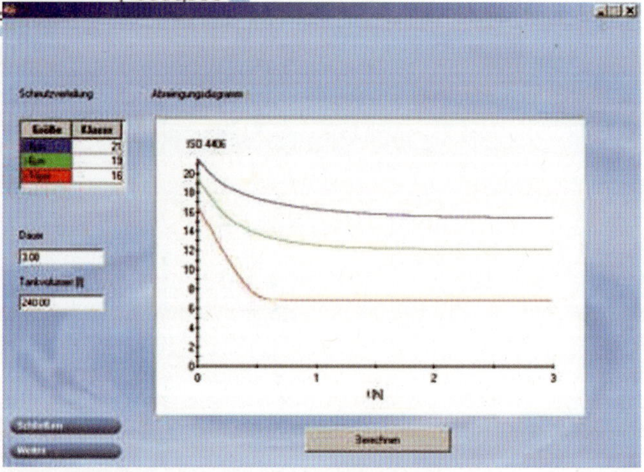

그림 | 유압 시스템 시운전 단계의 제진(먼지 제거) 선도 추가된 순정유의 청정도 코드 21/19/16

Notes

8 응용프로그램

8.1 사출 성형 기계의 여과

사출 성형 기계는 빠른 작업 주기와 효율적인 손상방지 필터로 인해 최고 품질의 유압제어장치가 요구된다. 기계장치의 오염을 피하기 위해서, 펌프를 보호하기 위한 흡입 필터뿐만 아니라 탱크 통기구 필터(탱크 마스터, 통기구 연결부, 오일 수준 및 온도 지시계)도 적용되어야 한다. 사출 성형기계의 유압 부품 앞에 안전 필터의 설치는 고장시 안전과 연속 생산 과정을 위해 반드시 필요하다.

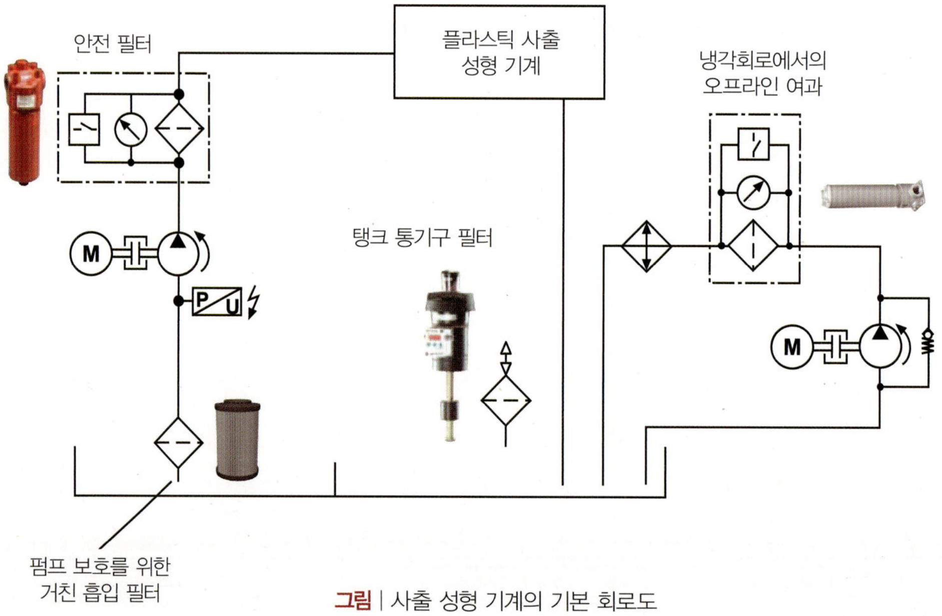

그림 | 사출 성형 기계의 기본 회로도

8.2 이동식 유압 시스템의 여과

휠 로더, 무한궤도, (증기)롤러 그리고 농업기계에는 동기 작업과 구동 운동이 발생한다. 아래 그림은 기본 유압 회로도이다.

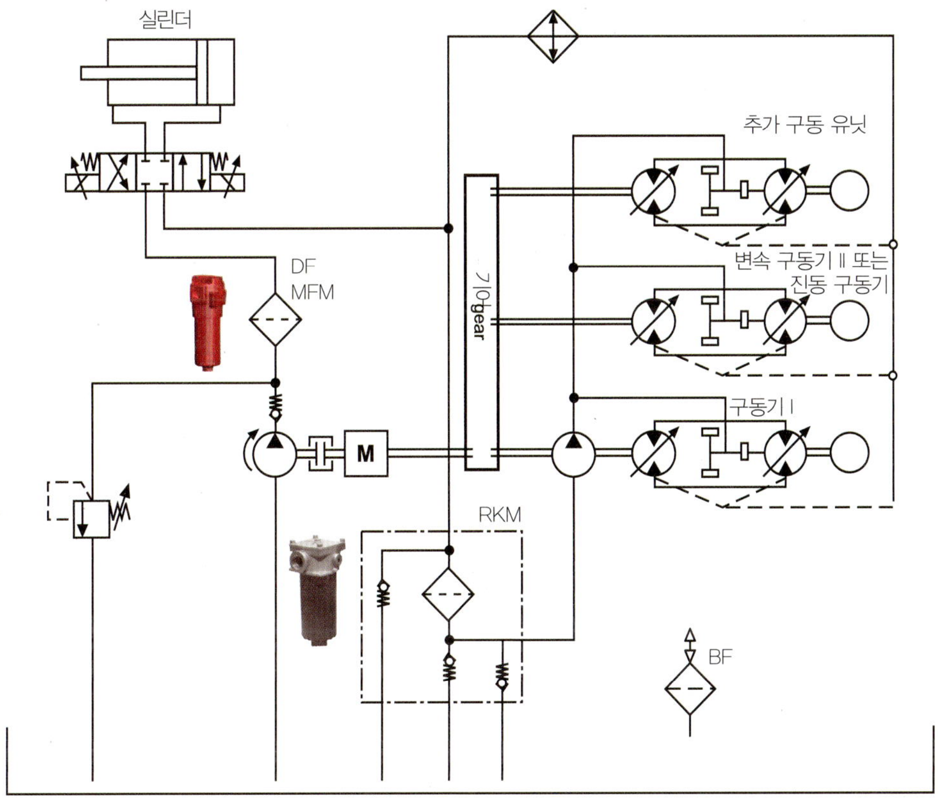

그림 | 이동식 유압 시스템의 기본 회로도

기계 사용자들은 갈수록 기계의 유연성과 가용성의 증가를 요구함으로써, 기계 제조사들은 편안하면서 동시에 강건하고, 유지보수 비용이 저렴한 이동식 작업기를 개발할 수밖에 없다.

▸ 이에 사용될 여과 시스템의 필터 엘레멘트는…

- 부품보호를 위해 초미세 입자 영역에서 높은 입자 분리 성능을 갖춤
- 높은 오염 포집 용량을 지님. 1500시간 이상의 유지보수 간격주기 가능
- 저온 시동에서 기계의 안전 작동을 위한 낮은 압력손실 특징. 유체 중립적

8.3 윤활 시스템에서의 여과

기계 도구로 주로 사용되고 있는 입구/순환 윤활 시스템의 주요 목표는 구성 부품들 간의 마찰을 피하여, 밸브, 펌프, 베어링(롤러, 볼과 슬라이드 베어링)의 긴 수명을 보장하는 것이다. 기어 시스템의 윤활 시스템은 톱니 측면에 힘을 전달함으로써 롤러 베어링과 기어 톱니의 손상을 피하게 한다. 여기에 압력 증가에 따라 점도가 상승하는 유체의 특성으로 인해 유막은 기어의 톱니 사이에서 밀려나가지 않게 된다. 특정 첨가물들은 유체와 섞여 톱니의 추가적인 유막을 생성하게 된다. 이에 따라 기어 시동 시에 특히 중요한 비상작동 성능이 증가한다. 여과 개념을 적용하기 위해서는 특히 여과 등급과 작동 중의 점도 범위에 주의를 기울여야 한다.

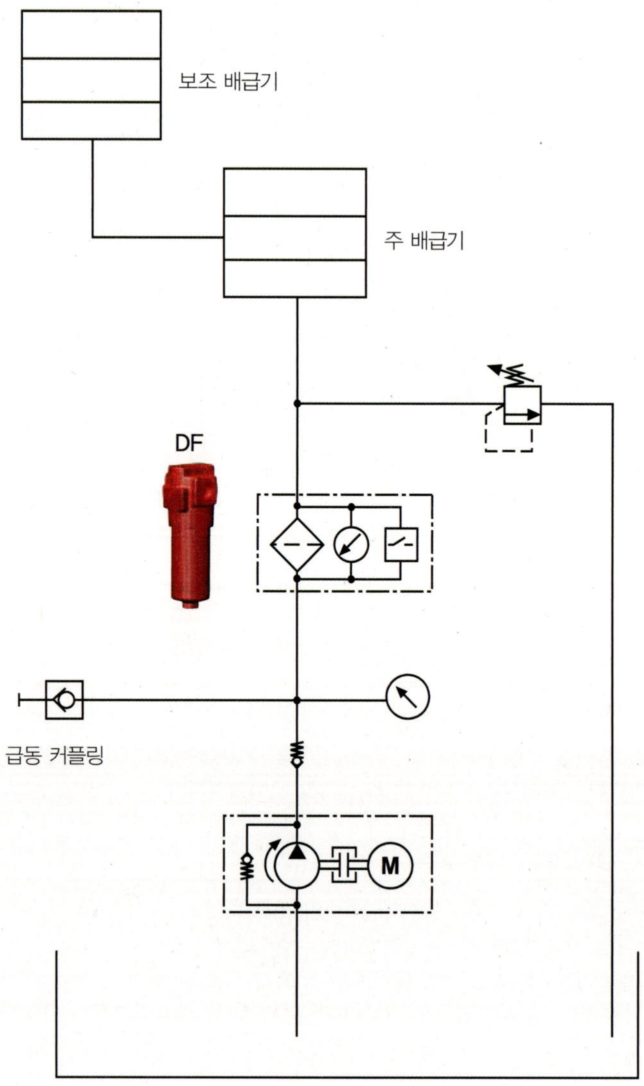

그림 | 윤활 시스템에 대한 기본 회로도

8.4 풍력 발전 시설에서의 여과

그림은 풍력 발전기 기어시스템 윤활의 여과 개념을 도식적으로 보여주며, 요구되는 필터의 여과율도 포함되어 있다.

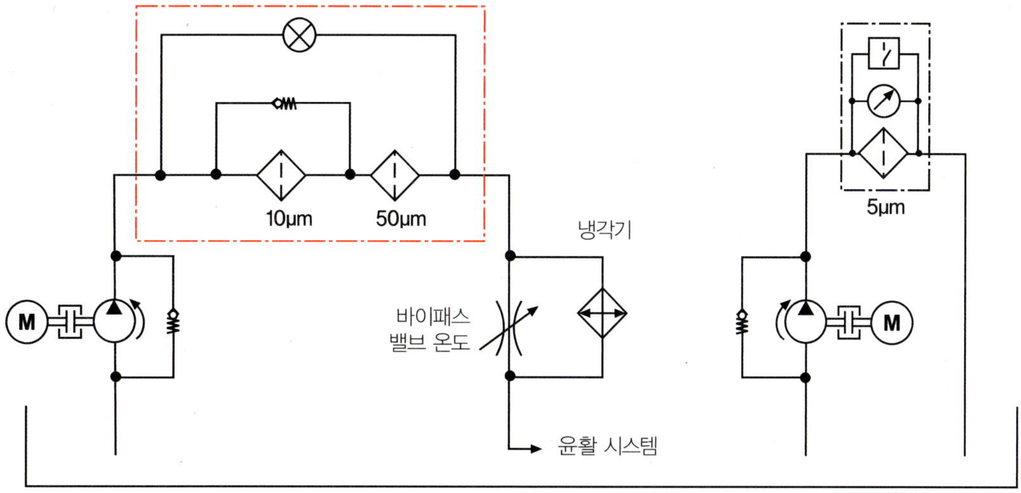

그림 | 풍력 터빈의 도식도

주의
더 많은 정보를 원하는 여과, 유압 시스템 전문가들은 종합 필터 책자를 다운받기 바람(www.HYDAC.com). 이 책자에 실린 개념들에 대하여 어떤 질문이나 풀기 힘든 문제가 있다면, 하이닥코리아(서울 02-591-0931, 김해 055-345-1811, 포항 054-743-0676, 당진 041-356-5693, 광양 061-791-1048)로 연락바랍니다.

9 필터 응용 사례

9.1 자동차용 연료필터의 성능 평가

9.1.1 다순환 여과시험 개요

다순환여과시험의 이론은 필터 수명기간 중 일정한 여과율을 유지한다는 가정을 전제한다. 따라서 그림 9-1의 여과 메커니즘에서 필터에 포집된 오염물이 서지압력 등으로 인해 시스템으로 토설(desorption)되지 않는다고 가정한다.

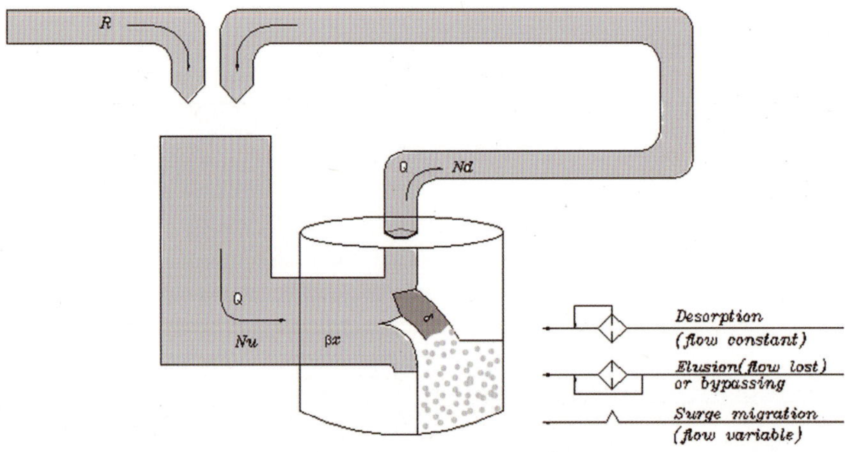

그림 9-1 | 필터 여과 메커니즘

필터의 여과성능은 필터 상, 하류 간 오염입자의 개수에 따라 아래 식과 같이 베타율로 나타낸다

$$\beta_x = \frac{\text{필터상류에서 } x\mu\text{m보다 큰 입자의 갯수, } N_u}{\text{필터하류에서 } x\mu\text{m보다 큰 입자의 갯수, } N_d} \quad (1)$$

이와 같은 가정 아래 그림 9-1의 여과 시스템은 아래와 같이 시스템 내 오염물질의 균형에 관한 식으로 나타낼 수 있다.

$$\text{필터상류 입자수} = \text{초기입자수} + \text{시스템 진입 입자수} - \text{필터제거 입자수} \quad (2)$$

$$N_u V = N_0 V + \int R\,dt - \int (N_u - N_d) Q\,dt \quad (3)$$

식 (3)을 정리하면,

$$\frac{d}{dt}Nu + \eta\frac{Q}{V}Nu = \frac{R}{V} \quad (4)$$

식 (4)의 해답은 다음과 같다.

$$Nu = \frac{1}{\eta}\frac{Q}{R}(1-e^{-\eta\frac{t}{\tau}}) \quad (5)$$

따라서 필터 상류의 유압시스템의 정상상태 오염농도는 $Nu = \frac{1}{\eta}\frac{Q}{R}$ 이다.

다순환여과시험은 이와 같은 원리를 이용하여, 오염입자 진입율(R)과 필터 순환 유량(Q)을 일정하게 유지하면서 시험시간에 따른 필터 상, 하류의 오염도를 측정하여 필터 사용수명 중의 여과성능 변화를 확인한다. 그림 9-2는 다순환여과시험을 위한 유압회로의 개략도이다. 다순환여과시험장치는 크게 두 부분으로 나뉘어, 필터 상류에 일정한 농도의 오염물 진입을 위한 오염물 인젝션시스템(contaminant injection system)과 일정한 유량을 시험용 필터로 순환시키는 필터 시험시스템(filter test system)으로 구성된다. 시험먼지(test dust)는 ACFTD(Air Cleaner Fine Test Dust, ISO4402) 계열을 사용하여 왔으나 1999년 ISO 오염도 규격(ISO 11171)이 변경된 이후에는 ISO Test Dust를 표준 적용하고 있다.

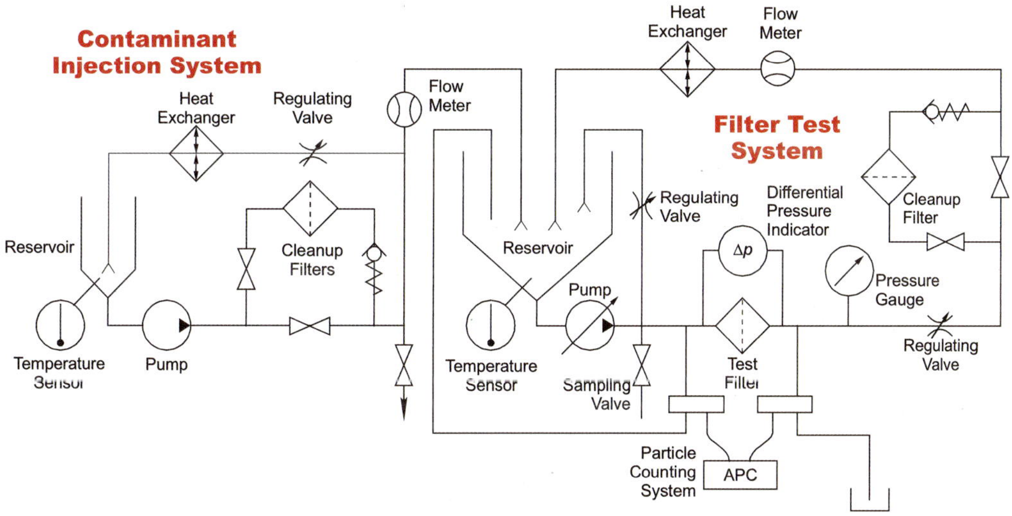

그림 9-2 | 다순환 여과시험 회로도

9.1.2 다순환 여과시험기

본 시험기의 주요 사양은 표 9–1과 같다.

표 9–1 | 대표적인 수분 포화도 : **100ppm = 0.01%**

성능		값
저장탱크 용량(Liters)	유체 저장탱크	100
	인젝션 저장탱크	84
	시스템 저장탱크	12
테스트 시스템 유량(lph)	저유량 루프	15~50
	고유량 루프	50~500
인젝션 유량(ml/min)		0~500
압력센서(kPa)	차압	0~50
	상류 게이지	0~1,034
	하류 게이지	0~1,034
최소 공급 수 유량(lpm)		8
온도 제어 범위		18℃~

본 시험기는 에타놀, 가솔린, 디젤, 항공유 등 모든 종류의 연료에 대해 시험할 수 있도록 내부식성 시일과 부품을 사용하고, 전기 스파크에 의한 화재방지를 위해 배전판을 격리시켰다. 모든 시험의 입출력 테이타는 시험기 본체와 회전암으로 연결된 제어판넬에서 타치–펜으로 조정 가능하다. 인젝션 유량과 필터 시험 시스템 유량은 지정유량의 ±3%, 온도는 지정온도의 ±0.5℃ 이내에서 PID 로직으로 제어하였다.

본 시험에서 사용한 연료필터는 가솔린 승용차용 인–탱크(필터로써 여과지 엘레먼트의 목표 여과용량은 6g이었으며, 사용가능한 필터 어셈블리의 최대 차압은 13.3kPa로 주어졌다. 또한 사용된 시험유는 Stoddard Solvent이었다.

9.1.3 시험

시험절차는 ISO4572를 기준으로 다음과 같이 진행하였다.

9.1.3.1 시험 전 준비사항

1) 오염물질 인젝션 시스템

① 필터시험을 위한 오염물 기본 농도 10mg/L를 기준하여 다음과 같이 시험시간(τ')을 결정하였다.

$$\tau'(min) = \frac{\text{필터 엘리먼트의 목표 여과 총량}(mg)}{10(mg/L)\cdot \text{시험유량}(L/min)} = \frac{10(mg/L)\cdot 5(L/min)}{0.25(L/min)} = 120\text{분}$$

② 필터시험 시스템으로 공급하는 인젝션 유량은 0.25 L/min으로 하였다.

③ 인젝션 시스템의 최소유체적(σ)은 다음과 같이 결정된다.

$$\sigma'(L) = 1.2 \cdot \tau'(min) \cdot \text{인젝션유량}(L/min) = 1.5 \cdot 120(min) \cdot 0.25(L/min) = 45(L)$$

④ 인젝션 시스템의 오염물질농도(γ')를 다음과 같이 구한다.

$$\gamma'(mg/L) = \frac{10(mg/L) \cdot \text{시험유량}(L/min)}{\text{인젝션유량}(L/min)} = \frac{10(mg/L) \cdot 5(L/min)}{0.25(L/min)} = 200(mg/L)$$

⑤ 인젝션 시스템에 혼입할 시험먼지(ISO MTD)의 총중량(α)을 다음과 같이 구한다.

$$\omega'(g) = \frac{\gamma'(mg/L) \cdot \sigma(L)}{1,000} = \frac{200(mg/L) \cdot 45(L)}{1,000} = 9(g)$$

⑥ 인젝션 시스템 저장탱크에 ③에서 구한 σ리터의 시험유를 채우고, 시험온도를 맞춘다.

⑦ 인젝션 시스템 클린-업 필터를 이용하여, 시험유 1cc당 10μm 보다 큰 입자갯수가 1,000개 이하가 되도록 유체 순환시킨다. 목표 수준에 도달한 후 클린-업 필터를 우회시킨다.

⑧ ISO MTD ω그램(9g)을 인젝션 시스템 저유기에 혼합한다.

⑨ 인젝션 시스템 내 유체를 최소 15분간 순환시켜 시험먼지가 균일하게 퍼지도록 한다.

2) 필터 시험 시스템

① 필터시험시스템에 필터 하우징을 설치한다.

② 필터 시스템 저장탱크 내 시험유체적 2.5 L (분당 1회전 순환체적)을 채운다.

③ 시험온도에 맞추고, 정격 시험유량으로 유체를 순환시킨다. 필터 하우징의 압력강하(차압)를 측정하여 기록한다.

④ 필터 시험 시스템 클린-업 필터를 이용하여, 시험유 1cc당 10μm 보다 큰 입자갯수가 15개 이하가 되도록 유체 순환시킨다. 목표 수준에 도달한 후 클린-업 필터를 우회시킨다.

⑤ 시험 필터 상하류 샘플용 모세관 튜브를, 상류는 0.3±0.05 L/min, 하류는 상류의 5%가 되도록 선정하여 설치한다.

⑥ 필터 상류 샘플 튜브는 사용치 않을 경우 저장탱크 방향에 위치시킨다. 하류 샘플 유량은 별도 수거하여 시스템 유량이 15% 이하로 떨어질 경우 보충유로 사용한다.

9.1.3.2 필터 시험

1) 필터 하우징내 여과지를 채운 필터 어셈블리를 필터 시험 시스템에 설치한다. 시험유 온도를 맞추고 저유기의 유체적을 확인한다.

2) 필터 시험 시스템의 정격 시험유량(5lpm)으로 유체 순환시킨다.

3) 최초 필터 어셈블리의 압력강하를 측정하고, 여과지의 압력강하를 다음과 같이 계산하여 기록한다.

최초 여과지의 압력강하 = 최초 필터 어셈블리의 압력강하 − 하우징의 압력강하

단, 본 시험용 필터는 분해할 수 없어 필터하우징의 압력강하를 측정할 수 없었으므로, 여과지의 압력강하를 0.1kPa로 가정하였다.

4) 순 압력 강하(= 최종 압력강하 – 최초 여과지의 압력강하 = 13.2kPa)의 5, 10, 20, 40, 80, 100%를 계산하여 기록한다.

5) 시험 필터 상류의 샘플을 채취하여 시스템의 초기 청정도를 측정한다.

6) 인젝션 시스템의 샘플을 채취한다.

7) 인젝션 유량을 측정하여 기록한다.

8) 필터 시험을 다음과 같이 실시한다.

① 시스템 클린-업 필터를 우회시킨다.

② 인젝션 유량이 필터 시험 시스템 저유기로 향하게 한다.

③ 시간 측정 시작한다.

④ 하류 샘플 유량을 흘리기 시작한다.

⑤ 순 압력 강하의 5, 10, 20, 40, 80%에 이를 때까지의 시험시간을 기록한다.

⑥ 시험 시작 후 2분일 때와 순 압력 강하의 10, 20, 40, 80%일 때의 상하류 샘플을 시간 차이 30초 이내에 채취한다.

(샘플은 상하류 각각 3병씩 채취한다. 단 80% 때는 필터 상류와 인젝션 시스템 시료를 각각 2병씩 추가 채취한다.)

⑦ 시험 필터 시스템의 유체 순환을 중지하고, 시험 종료한다.

⑧ 인젝션 시스템의 샘플을 채취한다.

⑨ 인젝션 유량을 측정하여 기록한다.

9.1.4 데이타 분석 및 계산

1) 채취한 시료를 자동입자계수기로 분석한다.

2) 각 샘플 당 최소 3번씩 입자계수를 하여 입자크기별 평균값을 기록한다. 베타율을 계산하여 기록한다. 시간 평균 베타율과 최소 베타율을 계산하여 기록한다.

3) 시험 시작과 종료시 필터 시험 시스템 상류와 인젝션 시스템에서 채취한 시료 각 2건에 대해 중량법으로 측정하여 기록한다.

4) 순압력의 2.5, 5, 10, 20, 40, 80, 100% 압력강하 때 시험 필터시스템에 공급된 오염물 중량을 다음과 같이 계산하여 기록한다.

$$\text{공급 오염물중량} = \text{인젝션유량}(L/min) \times \text{평균오염중량}(mg/L) \times \text{시험시간}(min)$$

시험 종료 때까지 공급된 오염물이 필터의 겉보기여과용량(apparent capacity)이다.

5) 실제 필터에 여과된 오염물의 중량을 다음과 같이 계산한다.

$$\text{여과된 오염물의 중량} = \sum\left(1 - \frac{1}{\text{평균}\,\beta_{10}}\right) \times \text{각 샘플 지점 간 공급된 오염물 중량}$$

9.1.5 결과 및 고찰

본 실험은 2시간의 예정된 시험시간 내 순압력강하 계산치의 100%에 도달하지 못하고 80%에 머물렀다. 그 이유는 가정한 최초 여과지의 압력강하가 실제 0.1kPa 보다 큼으로써 순압력강하가 실제보다 크게 설정되었음을 뜻한다. 그림 9-3와 그림 9-4는 각각 시험시간 따른 필터 어셈블리의 차압의 변화와, 필터에 공급된 오염물의 중량과 여과지 차압과의 관계를 보여준다. 본 필터의 겉보기여과용량은 약 6.7g이었으며, 실제 여과용량은 약 5.5g이었다. 그림 9-5는 입자크기별 베타율을 나타낸다. 시간평균베타율(time average beta ratio)은 각 샘플지점간 평균베타율에 소요 시간을 곱한 결과를 모두 합산하여 총 시험시간으로 나눈 것이다. 본 필터의 베타율은 평균 6~9(여과효율 83%~89%) 수준이 었다.

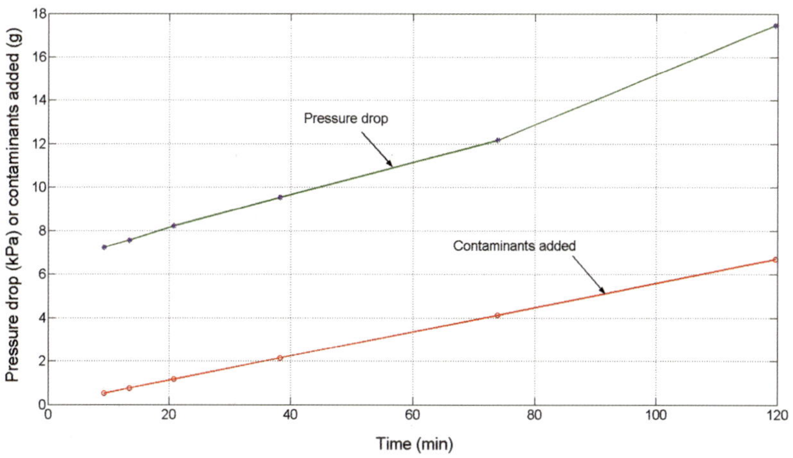

그림 9-3 | 필터 어셈블리의 압력강하

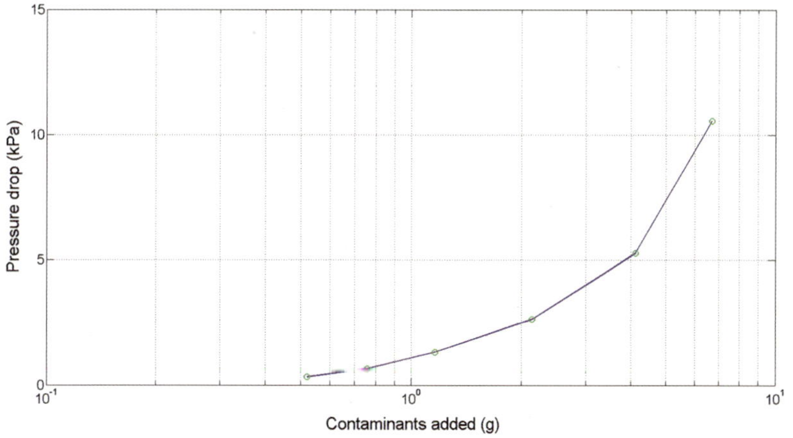

그림 9-4 | 필터 엘리먼트의 용량과 압력 강하

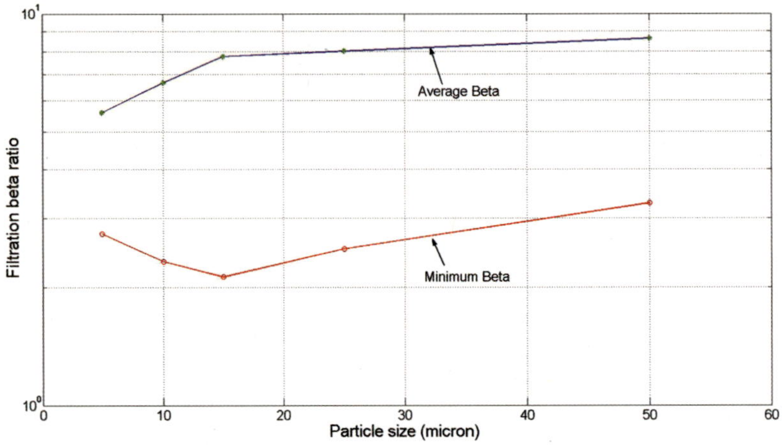

그림 9–5 | 시간 평균 베타율과 최소 베타율

그림 9–6은 시험기간 중 필터 상하류에서 1cc당 10μm보다 큰 입자의 갯수의 변화이다. 그림 9–6에서 보듯이 시험시간이 경과함에 따라 10μm베타율(β_{10})은 감소하고 있다. 이와 같은 특징은 시험시간에 따른, 각 입자크기별 베타율의 변화를 나타낸 그림 9–7에서 분명히 볼 수 있다. 그림 9–7에서 보듯이, 각 입자크기별 베타율은 일반적으로 시험시간 20분을 경과하면서 줄어들기 시작하여 시험말기에는 약 2.5(여과효율 60%)에 머물고 있다.

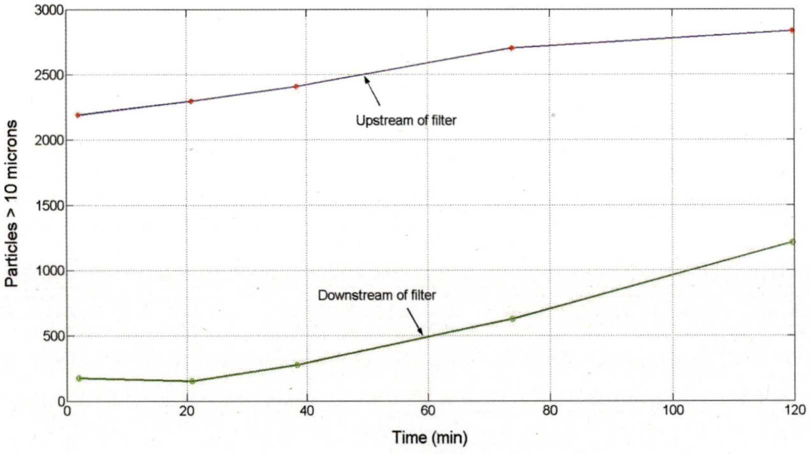

그림 9–6 | 시험시간에 따른 오염농도의 변화

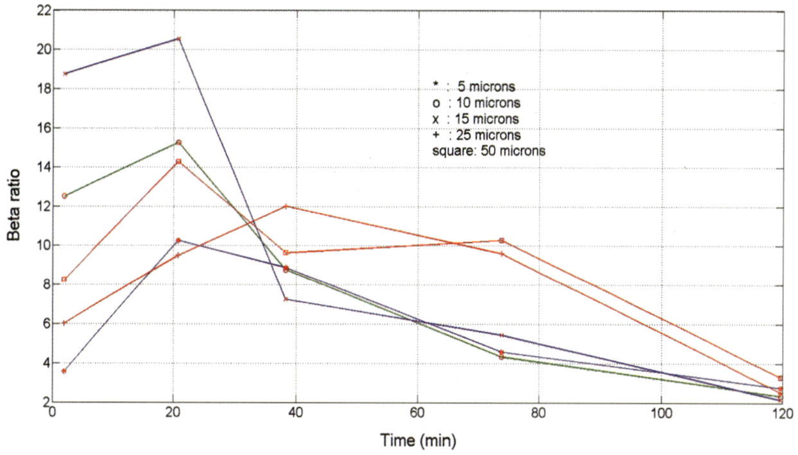

그림 9–7 | 시험시간에 따른 베타율의 변화

아울러 시험시작 후 처음 20여분간 베타율이 상승한 것은 다순환여과시험의 일반적 현상으로써, 클린–업 된 필터 시험 시스템 이 인젝션 오염물에 의해 정상상태 오염도에 이르고 있음을 나타낸다. 시험 필터는 시험기간 중 정상상태의 일정한 베타율을 유지하지 못하고 하락하였다. 이것은 본 필터의 토설율이 상당함을 뜻한다. 또한 자동차용 연료필터의 사양으로써 필터어셈 블리의 최대 차압과 여과용량 외에, 엔진 성능 보호를 위해 필터 수명기간 중의 여과효율도 규제하여야 할 을 보여준다.

9.2 트랙터 유압시스템의 롤–오프 플러싱

9.2.1 롤–오프 플러싱 개요

롤–오프 청정도란 유압시스템을 첫 제작, 조립 혹은 분해, 검사 후 출고할 때의 오염 수준을 뜻한다. 유압시스템 출고시의 청정도는 단품 제작 및 시스템 조립시의 기 주입된 잔류 오염물 및 자체 발생하는 오염물의 양에 의해 결정된다. 기 주입된 오염물 및 시스템을 길들이는 기간 동안에 발생한 오염물은 적절한 필터링 조건에 의해 제거되지 않는 한 핵심적 부품의 손상, 급속한 부품 마모, 시스템의 오작동 및 작동불능 상황을 초래할 수 있다. 그럼에도 불구하고 롤–오프 청정도는 유압시스템의 설계, 제조 및 시운전 중 그 중요성이 간과되어 온 오염관리의 한 분야이다.

제조 잔류물질의 제거는 유압시스템 조립공정의 한 중요한 부분이다. 플러싱이란 유압시스템 내부로부터 오염물질을 제거하기 위해 고안된 유체 순환과정을 뜻하며, 유압시스템의 목표수명을 만족시키기 위한 오염 수준 확보를 목표로 한다. 플러싱에 의해, 기 주입된 오염물질의 효과적인 제거를 위해서는 세정작업에 영향을 주는 요소들의 상관관계를 파악해야 한다. 이를 위해 다순환 여과 성능 시험의 해석결과로부터 유도된 일반적인 세정 관련식들을 이용하여 롤–오프 청정도 관련 요소들을 파악할 수 있다.

9.2.2 유압시스템의 롤–오프 플러싱모델

유압시스템의 필터 세정에 대한 기본적 수학모델은 앞에서 살펴보았듯이 시스템 내 오염 물질의 균형에 관한 식으로 표현할 수 있으며, 필터의 베타율이 항상 일정한 베타 모델과, 필터에 여과된 오염물의 토설과 시간에 따른 변동 베타율을 사용하는 회피(Elutivity) 모델로 구분된다. 회피 모델은 유압시스템의 서지 압력 및 유량 변동에 따른 필터의 토설과 필터에 여과된 오염물질에 의한 차압력을 고려함으로써, 필터의 전 수명에 대해 베타 모델보다 정확하다. 그러나 베타 모델 또한 정상적인 필터의 유효사용 기간 동안 적용할 수 있으며 여러 가지 유압시스템의 다순환 여과성능 시험에 의해 그 정확성이 입증되었다. 유압시스템 세정 관련 베타모델은 앞에서 소개한 식 (4)와 같다.

식 (4)는 전체 유압시스템의 여과에 의한 오염입자 균형에 대한 식으로써, R, V, β_x, Q 등이 주요 변수임을 알 수 있다. 특히 롤–오프 청정도와 관련하여 주목되는 변수는 시스템 내 오염입자 입장률인 R이다. 유압시스템의 유효사용 기간 중, 외부로부터 시스템 내 침투 혹은 자체 생성하는 오염물의 양은 거의 일정하다. 그러나 시스템을 첫 출고 후, 길들이는 기간 중의 오염물의 입장률은 일정하지 않다. 즉, 단품 가공 제작, 저장/운송 및 시스템 조립 시에 주위환경으로부터 기 주입된 잔류 오염물들은 시스템 시운전 초기에 유압유와 섞여 순환된다. 실제 일반 유압시스템의 길들이기 기간 중의 오염물은 대부분 이와 같이 시스템 제작 중에 기 주입된 오염물이 탈피된 것으로 나타났다.

유압시스템의 초기 탈피율에 영향을 주는 또 다른 요인은 각종 부품의 내부 표면에 점착되어 유압유의 순환과 함께 서서히 씻겨지는 오염물로써, 유압부품의 수, 배관의 길이, 내부 표면의 상태, 유속등과 같은 시스템의 복잡성 에 따라 오염도가 좌우된다. 따라서, 유압시스템의 전체 오염물 탈피율은 아래 식과 같이 두 개의 항의 합으로 표시된다.

$$\frac{R}{V} = Z_1 e^{-\frac{t}{k_1}} + Z_2 e^{-\frac{t}{k_2}} \qquad (6)$$

식 (6)을 식 (5)에 대입하여 미분방정식의 해를 구하면 다음과 같이 된다.

$$Nu(t) = \left[\frac{\frac{Z_1}{\eta\gamma - 1}}{k_1}\right](e^{-\frac{t}{k_1}} - e^{-\eta\gamma t}) + \left[\frac{\frac{Z_2}{\eta\gamma - 1}}{k_2}\right](e^{-\frac{t}{k_2}} - e^{-\eta\gamma t}) + N_0 e^{-\eta\gamma t} \qquad (7)$$

상기 식 (7)은 유압시스템의 길들이기 기간 중의 롤–오프 청정도 관리를 위한 세정 모델이다. 식 (7)에서 보듯이, 시운전 초기 몇 분 동안은 초기 오염도 N_0, 탈피율 상수 z_1, z_2 등이 큰 영향을 미치나, 전체적인 롤–오프 세정 공정의 주요 변수는 필터의 효율 η(즉, 베타율 β_x), 시스템의 복잡성 k_2, 오일순환시간 γ 등이다.

9.2.3 세정 요소들의 상관관계 해석

아래 그림 9–8은 β_{10}=2,5,10 및 50인 네 종류의 필터에 의한 전형적인 유압시스템의 롤–오프 플러싱의 해석 결과를 보여준다. 일반적인 운송작업용 유압시스템의 경우 $\gamma \approx 0.5 \sim 4$(사이클/분), $k_1 < 1$(분)이며, 시스템 출고시의 오염정도는 ISO code의 25/23 등급에 해당하는 $N_0 = 10^5$이라고 가정하였다. 그림 9–8에서 보듯이, 플러싱 초기에 유압 시스템의 오염수준은 급격히 줄어든다. 그러나 시스템 조립공정에서 기 주입된 오염물이 일단 여과된 후에는 세정효과는 현저히 감소한다. 이는 시스템이 복잡할수록 유압부품 내부에 점착된 오염물이 오일 순환시 오일과 함께 배출되기 어렵기 때문이다. 그림 9–8의 시스템은 β_{10}=10 이상의 필

터에 의해 약 10분간 플러싱하여 N_0=1,000(ISO 19/16, NAS 10등급) 수준의 청정도를 얻을 수 있음을 알 수 있다. ISO 19/16 등급은 10 MPa 미만의 베인/기어 펌프, 압력/유량제어 밸브, 솔레노이드 밸브 및 압연유압 시스템, 트랙터 유압시스템등의 요구 청정도 수준에 해당한다.

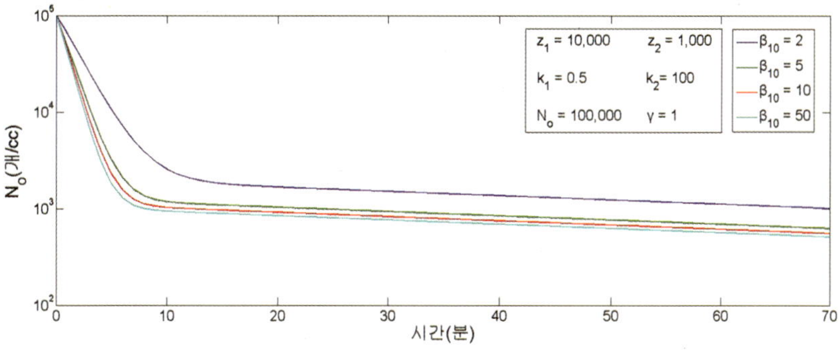

그림 9-8 | 롤-오프 플러싱의 예

롤-오프 청정도 관리를 위한 플러싱 작업에서, 생산성과 관련된 중요한 요소는 목표 청정도에 도달하기까지의 소요 플러싱 시간이다. 이와 관련하여 롤-오프 플러싱을 위한 외부 여과장치(Off-Line Filtering System) 설계시 세정 필터의 성능 및 오일 순환속도와 연관된 펌프 토출유량의 선정이 중요 변수가 된다.

그림 9-9는 주어진 시스템의 목표 청정도 $N_g = N_u$ = 1,000(10μm 보다 큰 오염입자가 1cc 오일 당 1,000개)에 이르기까지의 소요시간을 세정필터의 성능(베타율) 및 시스템의 복잡성에 대비하여 나타낸 것이다. 그림 9-9에서 보듯이 필터의 베타율이 감소할수록, 또한 시스템의 복잡성이 증가할수록, 특히 저효율 필터의 영역에서, 롤-오프 청정도를 위한 세정 소요시간이 급증함을 알 수 있다. 또한 그림 9-9는 시스템에 따라, 고효율 필터만으로는 더 이상 줄일 수 없는, 목표 청정도를 위한 최소 세정시간을 보여준다.

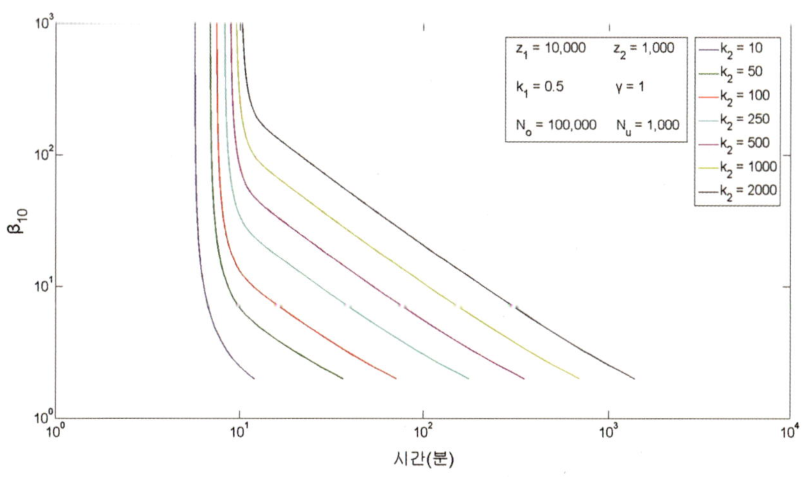

그림 9-9 | 유압시스템의 복잡성에 따른 필터 성능과 세정소요시간

그림 9–10은 N_g = N_u =1,500부터 N_g = N_u50까지의 목표청정도에 대한 세정필터의 성능(베타율) 및 세정 소요시간의 관계를 나타낸다. 그림 9–10에서 보듯이 주어진 유압시스템이 목표 청정도에 이르기 위해서는, 고효율 필터를 사용한다 하더라도, 더 이상 줄일 수 없는 최소 롤–오프 플러싱 시간이 있음을 보여준다. 그러나 일반적으로 저효율 필터보다 고효율 필터를 사용함으로써 목표 청정도에 이르기 위한 플러싱 시간을 크게 감소시킬 수 있다. 그 예로써, 그림 9–10의 시스템에서 N_u = 1,000의 청정도에 도달하기 위해 β_{10} = 10의 필터로는 100분이 소요되나 β_{10} = 100의 필터로는 약 12분이 소요될 뿐이다.

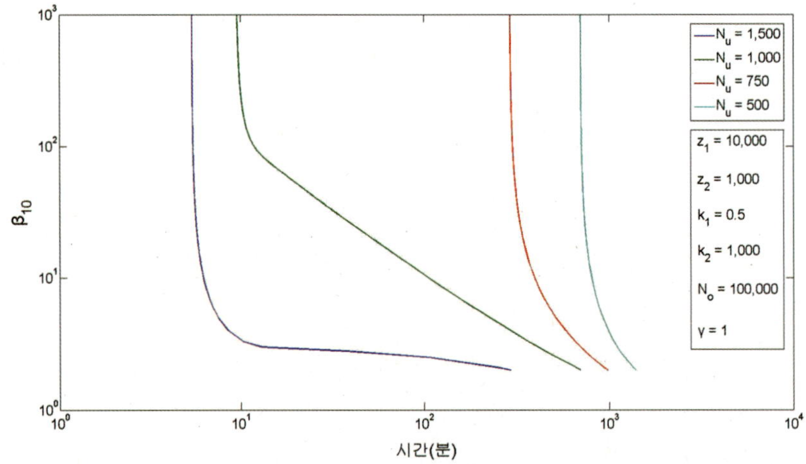

그림 9–10 | 목표청정도에 따른 필터성능과 세정 소요시간

그림 9–11은 또한 플러싱 오일 순환속도에 따른 필터성능과 세정소요시간의 관계를 보여준다. 그림 9–11에서 보듯이 동일한 필터에 대해 플러싱 오일 순환속도를 증가시킴으로써 목표 청정도에 이르기 위한 세정시간을 대폭 감소시킬 수 있다. 즉, 그림 9–11의 β_{10} = 10 필터 시스템의 경우, 오일 순환속도를 γ = 0.5에서 γ = 1로 증가시킴으로써 세정소요시간을 약 90분에서 10여 분으로 줄일 수 있다.

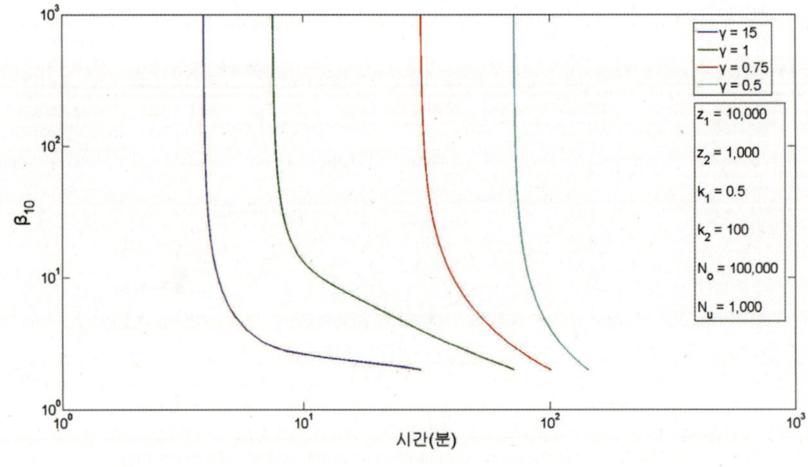

그림 9–11 | 플러싱 오일 순환속도에 따른 필터성능과 세정소요시간

9.2.4 트랙터 유압시스템의 롤-오프 플러싱

농업용 트랙터는 비포장도로 차량의 대표적인 예로써, 작업환경상 오염물이 진입하기 쉬운 조건에 노출되어 있어, 각종 고장원인의 대부분이 유압시스템의 오염에 기인한다. 따라서 트랙터의 생산, 출고 직전이나 수리 보수 조립직후, 롤-오프 플러싱에 의한 유압시스템의 청정도 관리가 요구되었다.

그림 9-12는 롤-오프 플러싱을 위해 외부 여과장치를 부착한 전형적인 트랙터 유압시스템을 나타낸다. 그림 9-12의 트랙터 유압시스템은 변속기와 오일탱크를 공유하며, 기어펌프의 토출 압유에 의해 조향장치, PTO 외부 작업기, MLS 밸브에 의한 승강장치 등을 구동한다. 롤-오프 플러싱 용 외부 여과장치는 변속기 오일탱크의 배유구로부터 흡입된 오일이 기어펌프에 의해 플러싱 세정필터를 거쳐 오일탱크로 회유토록 구성되었다.

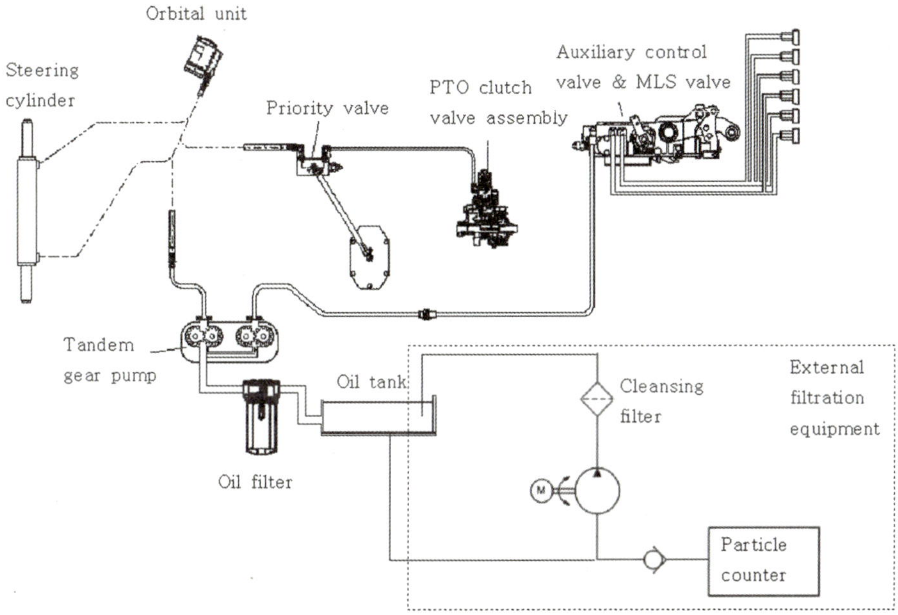

그림 9-12 | 트랙터 유압시스템의 롤-오프 플러싱 회로도

오염입자계수기는 HYDAC FCU 2110-1-M으로써 오일 탱크 배유구에 설치한 샘플링 포트로부터 실시간 계수분석이 가능하였다. 트랙터 유압시스템의 플러싱기 사양결정을 위해 외부 여과장치를 탈착한 상태에서 트랙터 유압시스템의 오염입자 진입률을 실험과 이론적 모델에 의해 측정하였다. 그림 9-12의 트랙터 유압시스템의 오비틀롤 유닛과 PTO 클러치 및 파워리프트 조합을 동시에 작동시켜 최대 분당 19 리터의 오일을 순환시키며 2분 간격으로 오염입자를 계수하였다. 오일은 대동 TF65 오일이었으며 실험 시작 전 오일의 청정도는 약 $\beta_{10} = 2{,}500$이었다. 그림 9-13의 각 점들은 5대의 트랙터 운전시간에 따른 오염입자 계수 결과를 나타낸다.

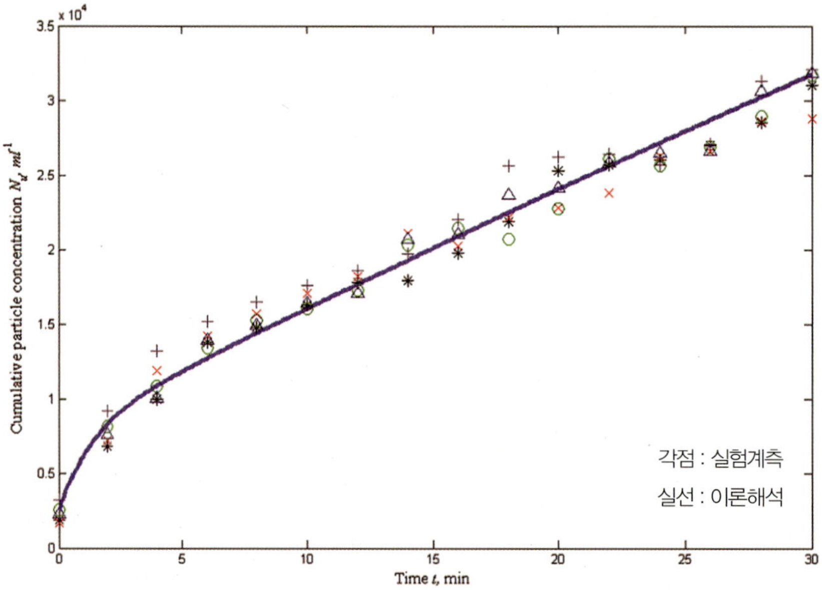

그림 9-13 | 트랙터 유압시스템의 오염입자 진입률

한편 그림 9-12의 트랙터 유압시스템의 오일필터는 70μm의 정상(normal) 필터(즉, $\beta_{70} = 5$)로써 $\beta_{10} \approx 1$(즉, $\eta = 0$)이다. 따라서 식 (7)로부터 다음의 식을 얻는다.

$$Nu(t) = N_0 + z_1 k_1 (1 - e^{tlk_1}) + z_2 k_2 (1 - e^{-tlk_2}) \quad (8)$$

그림 9-13의 실선은 식 (8)의 이론적 모델에 아래 식 (9)의 매개변수 값들을 적용한 시뮬레이션 결과로써 실험 결과와 근사한 결과를 보여준다.

$$k_1 = 1.3 \ , \ k_2 = 250 \ , \ z_1 = 4{,}000 \ , z_2 = 850 \ , \ N_0 = 2{,}500 \quad (9)$$

한편 롤-오프 플러싱을 위한 외부여과기 순환펌프의 최대유량은 흡입구의 캐비테이션에 의해 제한된다. 즉, 여과기 순환펌프의 흡입구와 연결된 트랙터 변속기 오일탱크 배유구의 크기(직경 12.7mm)의 제한으로 인해 순환펌프의 토출유량은 분당 29liter로 제한하였다. 트랙터 유압시스템의 순환오일체적은 총 58리터로써 최대 오일 순환속도는 $\gamma = 0.5$ 사이클/분이다.

그림 9-14는 식 (9)와 $\gamma = 0.5$로 주어진 외부여과기가 부착된 트랙터 유압시스템이 여러가지 롤-오프 플러싱 목표 청정도에 도달하기 위한 필터성능과 세정 소요 시간과의 상관관계를 나타낸다. 그림 9-14에서 보듯이 본 트랙터 유압시스템은 생산성을 고려한 세정소요시간 한계인 15분이내에서는 세정필터의 성능에 상관없이 $N_g < 1600$(NAS 11 12등급) 이상의 청정도를 얻을 수 없음을 알 수 있다. 따라서 외국 선진사 트랙터 제품 수준인 NAS 9등급의 청정도를 얻기 위해서는 단품의 청정도 및 조립공정의 개선으로 초기 오염도(N_0) 수준을 낮추고, 캐비테이션을 방지하기 위해 부스터펌프를 사용하는 등, 롤-오프 외부여과기의 오일순환속도를 늘리는 방안을 강구해야 한다.

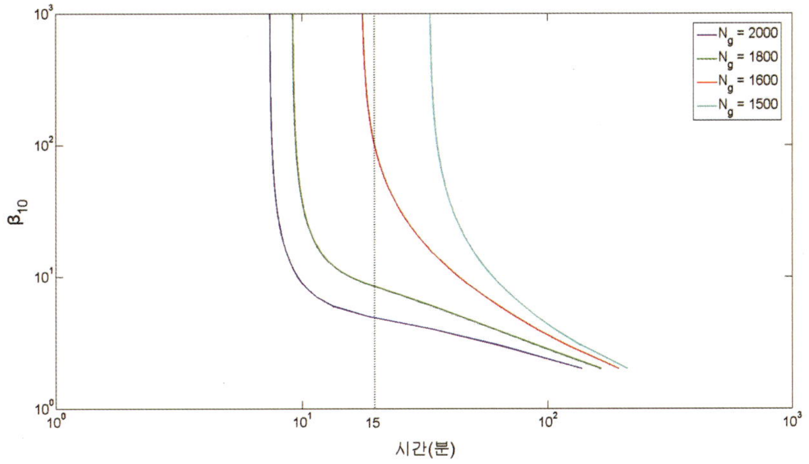

그림 9-14 | 트랙터 유압시스템의 목표 청정도를 위한 필터성능과 세정소요시간

그림 9-15 β_{10} = 250의 절대(absolute) 필터를 외부여과기의 세정필터로 설치하여 트랙터 유압시스템을 롤-오프 플러싱한 결과를 나타낸다.

실험 중 트랙터 유압시스템은 조향유니트와 PTO 클러치 및 파워리프트 조합을 동시에 작동시켜 최대 오일을 순환시켰으며, 이론해석을 위해 매개변수 값들은 식 (8)과 γ=0.5를 사용하였다. Fig. 10에서 보듯이 플러싱 초기에 오염도가 증가한 것은 시스템 조립시 진입한 오염물들이 오일 순환과 함께 부유하여 대량 배출되었기 때문이며 실험결과가 이론해석 결과보다 지연된 것은 트랙터 유압시스템 내 진입한 오염물이 오일탱크의 복잡한 구조로 말미암아 외부여과기로 순환되기까지 시간 지연되었기 때문으로 판단된다.

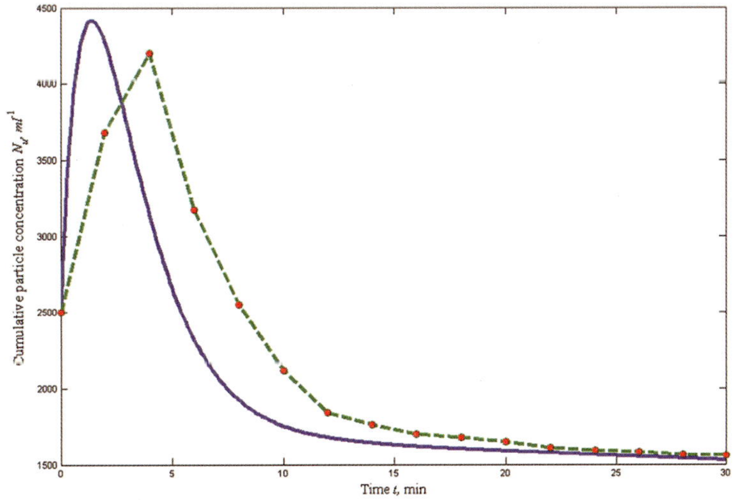

그림 9-15 | 트랙터 유압시스템의 롤-오프 플러싱 결과

Ⅱ

Introduction to Accumulator Technology

어큐뮬레이터 기술의 소개

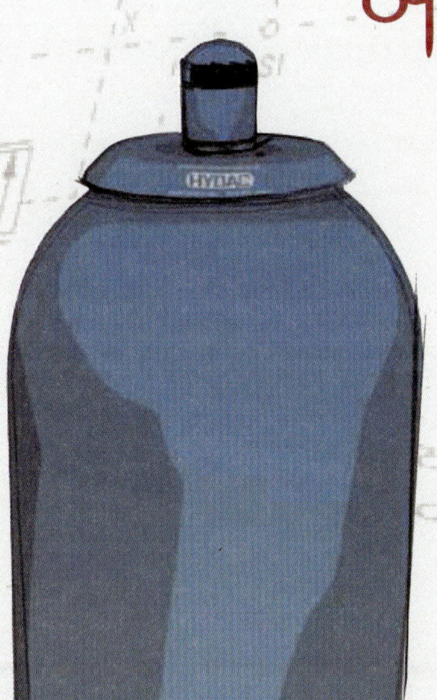

Contents

Ⅱ. 어큐뮬레이터 기술의 소개

1 서론

Introduction to Accumulator Technology

유압 어큐뮬레이터는 특정 유용한 용적을 저장하는 가압된 용기이다. 필요한 경우, 저장된 유체 용적은 요구되는 추가적인 에너지 없이 시스템으로 귀환될 수 있다. 어큐뮬레이터에 에너지를 저장하기 위하여, 어큐뮬레이터 내부의 유체는 무게나, 스프링력을 받거나 가스에 의해 압력을 받는다(유공압적으로).

유압 어큐뮬레이터 시스템의 특장점 때문에, 유압 어큐뮬레이터는 유압 시스템의 여러 가지 작업을 위해 가급적 사용된다.

적용

- 에너지 저장
- 비상 또는 안전기능
- 누유 보상
- 체적 보상
- 흡입 안정화
- 감쇠와 진동, 변동, 맥동의 완충(맥동 감쇠) 그리고 충격과 서지(충격 완충기), 게다가 소음레벨(유체 소음기)
- 유체의 분리
- 무게 밸런싱
- 에너지 재생

주의
모든 어큐뮬레이터는 European Pressure Equipment Directive PED/DGRL 97/23/EC (8장 참조)를 준수해야 한다!

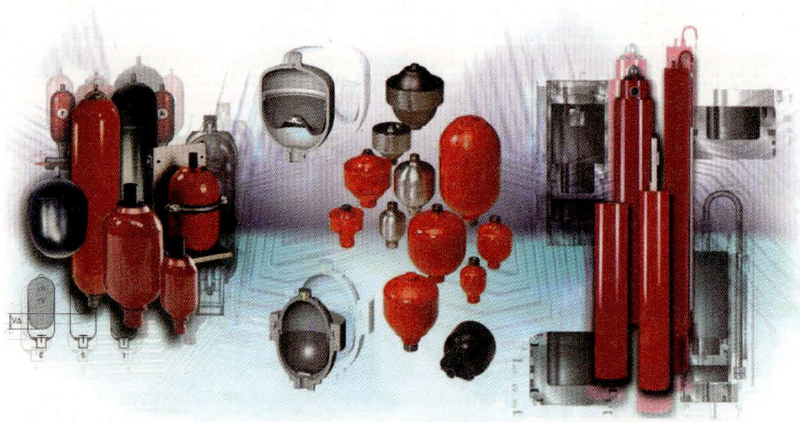

그림 | 유압 어큐뮬레이터

Notes

2 HYDAC 유압 어큐뮬레이터 제품 개요

Introduction to Accumulator Technology

2.1 블래더 어큐뮬레이터

유형	SB
정격 용량	0.5–450 liter
최대 작동 과도압력	1000 bar 까지
표준 디자인	
정격 용량	0.5–200 liter
최대 작동 과도압력	330–550 bar
특수 구조	스테인리스 강, 복합구조
낮은 압력 디자인	
정격 용량	2.5–450 liter
최대 작동 과도압력	40 bar 까지
높은 압력 디자인	
정격 용량	1–54 liter
최대 작동 과도압력	690–1000 bar

2.2 피스톤 어큐뮬레이터

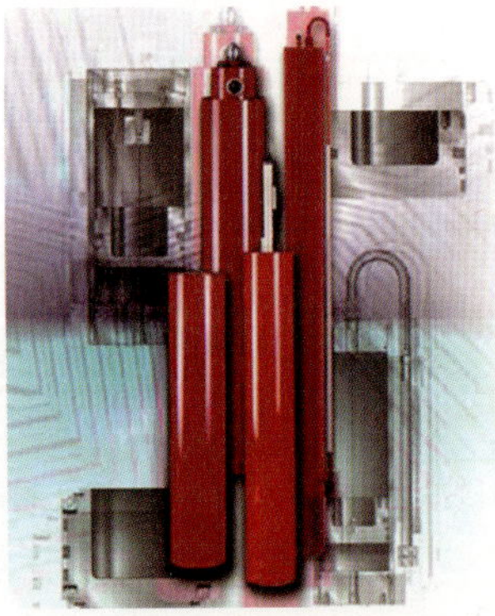

유형	SK
정격 용량	3300 liter 까지
최대 작동 과도압력	1000 bar
위치 인디케이터	• 전기 제한 스위치 • 연장된 피스톤 로드 • 초음파의 위치 측정 시스템 • 케이블 제어 측정 시스템 • 자석 판 표시 시스템 • 피스톤 위치결정 스위치
표준 디자인	
정격 용량	3300 liter 까지
최대 작동 과도압력	210–350 bar
특수 구조	스테인리스 강, 복합 구조 고압 어큐뮬레이터로 1000 bar 까지
SK280유형 시리즈	
정격 용량	0.16–6 liter
최대 작동 과도압력	280 bar

2.3 다이어프램 어큐뮬레이터

유형	SBO
정격 용량	0.075–4 liter
최대 작동 과도압력	750 bar 까지
용접 디자인	
정격 용량	0.075–4 liter
최대 작동 과도압력	50–330 bar
Hreaded 디자인	
정격 용량	0.1–4 liter
최대 작동 과도압력	210–750 bar

2.4 금속 벨로즈 어큐뮬레이터

유형	SM
정격 용량	50 liter 까지
최대 작동 과도압력	350 bar 까지

2.5 유압 댐퍼

유형	• 백농 냄퍼 • 흡입 유량 안정화장치 • 유체 소음기
정격 용량	0.075–450 liter
최대 작동 과도압력	10–1000 bar

2.6 특수 디자인 어큐뮬레이터

중량을 줄인 블래더, 피스톤 그리고 다이어프램 어큐뮬레이터. 특별한 생산법과 알루미늄과 같은 대체물질의 사용을 통해 무게를 줄일 수 있다. 이는 이동형 시스템에 주로 사용된다.

스프링 타입 어큐뮬레이터에는 스프링이 장착되어 있다. 이 제품의 경우 에너지는 가스가 아닌 스프링에 의해서 전달된다. 혼합구조(플라스틱/철)로 인해 일반적인 금속 어큐뮬레이터 디자인과 비교할 때 중량이 감소된다.

2.7 어큐뮬레이터 스테이션

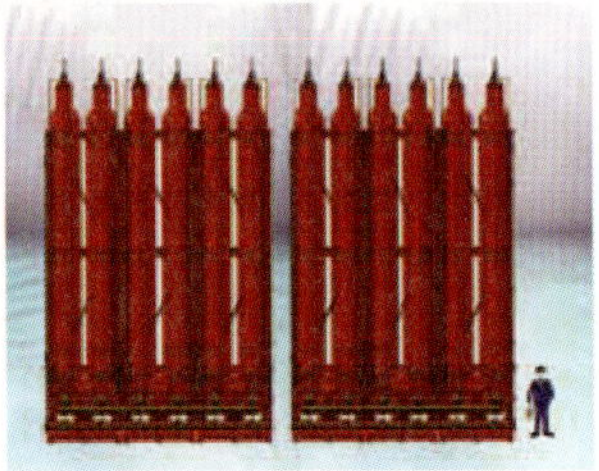

어큐뮬레이터 스테이션은 고객의 요구에 따라 개별적으로 개발되고 구성된다. 아래의 예시는 피스톤 어큐뮬레이터와 질소 용기를 적용한 것이다.

피스톤 어큐뮬레이터 스테이션	SS350K
12xSK 12xSN	750 l 3200 l
규격	총 가스 체적 47400 liter 11.94 m • 2.4 m • 10 m

2.8 어큐뮬레이터 부속기기

그림 | 어큐뮬레이터 부속기기

2.8.1 N_2-가스용기의 Back-up

질소용기는 블래더와 피스톤 어큐뮬레이터에 Back-up 용도로 사용된다.

정격 용량 : 20-75 liter

유효 가스 용량 : 17.5-75 liter

2.8.2 충진과 시험유닛

▸ 유형 : FPU

기술정보 :

- FPU-1 : 유니버셜 충진과 시험유닛, p_0 400 bar 까지
- FPS600 : 블래더 어큐뮬레이터, p_0 600 bar 까지
- FPK600 : 피스톤과 다이어프램 어큐뮬레이터, p_0 600 bar 까지
- FPH800 : SB, SBO, SK, p_0 800 bar 까지

▸ 유형 : F+P

기술정보 :

- 최대 작동 압력 : 400 bar까지
- 정격 폭 : DIN16/DN32
- 재료 : 탄소강, 스테인리스 강
- 최적화 된 크기

2.8.3 안전과 차단 블록

▸ 유형 : SAF/DSV

정격 폭 : 10, 20, 32, 50 mm

최대 작동 압력 : 400 bar 까지(DSV to 350 bar)

압력 릴리프 밸브 : 정격 폭 DN12

2.8.4 충진과 시험유닛

▸ 유체측

- 직접적으로 구동하는 안전 밸브, 스프링 부하
- 응답 압력 : 370 bar 까지
- 디자인 : DGRL 97/23/EC

▸ 가스측

- CE 마크를 가진 직접적으로 구동하는 가스 안전 밸브 GSV6, 스프링 부하
- CE 인증 또는 인증 없는 온도 퓨즈
- CE 인증 파열 디스크
- 가스 안전 블록 GSB450, 고정 타부품의 어댑터 블록

2.8.5 유압 어큐뮬레이터의 체결 요소

유압 어큐뮬레이터의 최적 고정/장착을 위한 어큐뮬레이터 세트, 클램프와 브라켓

2.8.6 ACCUSET SB330

정격 용량 : 1-50 liter

최대 작동 과도 압력 : 330 bar 까지

3 유공압 어큐뮬레이터와 부속기기의 디자인

모든 디자인은 압력 에너지를 저장할 수 있다. 기계시스템에서(무게와 스프링 힘)에너지는 위치에너지의 변환에 의해 저장된다.

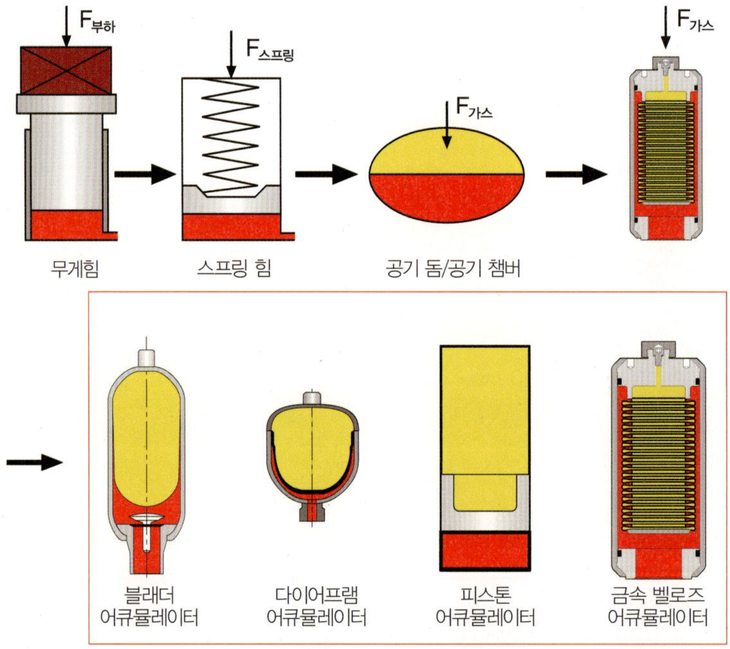

그림 | 유공압 어큐뮬레이터의 디자인

- **따라서 가스 부하 어큐뮬레이터에서 기체의 내부 에너지가 변환된다. 다음과 같이 유공압 어큐뮬레이터가 구별될 수 있다:**
  - 분리기가 있는 어큐뮬레이터
  - 분리기가 없는 어큐뮬레이터

- **유압 어큐뮬레이터는 가스와 유체 사이의 분리기에 따라 구별될 수 있다:**
  - 블래더 어큐뮬레이터
  - 피스톤 어큐뮬레이터
  - 다이어프램 어큐뮬레이터
  - 금속 벨로즈 어큐뮬레이터

이런 어큐뮬레이터의 작동 모드는 유체 저장을 위해 사용되는 불활성 기체의 압축성에 기초한다. 에너지 운반체로써 일반적으로 질소가 사용된다.

주의

폭발의 위험 때문에 오직 불활성 기체만 유압 어큐뮬레이터 충진에 사용된다!

유공압 어큐뮬레이터는 근본적으로 기밀한 분리기에 의해 분리되는 유체와 가스 부분으로 구성된다. 유체 부분은 유압회로와 연결되어 압력이 증가하면 그 반대쪽의 가스가 압축된다. 압력이 감소하면 압축된 가스는 다시 팽창하고 저장액체는 유압회로로 다시 돌아간다. 충진 가스로써 가장 적합한 것은 질소이다.

표준 어큐뮬레이터의 기술적 비교:

	압력 bar	체적 liter	p0 : p2 l/min
블래더 어큐뮬레이터 SB 	5 330 550 690 (1035)	0.5…450	1 : 4
피스톤 어큐뮬레이터 SK 	350 (1000)	3300 까지 (1200)	1 : ∞
다이어프램 어큐뮬레이터 SBO 	210 350 (750)	0.075…4	1 : 8 1 : 10

특수 디자인:

	압력 bar	체적 liter	장점	적용
금속 벨로즈 어큐뮬레이터 SM 	5…330	50 까지	• 기밀함 • 정비유지 불필요 • 넓은 범위의 사용 온도 (65°C에서 +160°C까지) • 대형 혹은 소형화 가능 • 불순(오염)물 불감성	**다이어프램 또는 벨로즈 역시 맥동 댐퍼로 사용 가능** • 선박의 대형 디젤 엔진, 발전소 의 보조 또는 비상 전원 집합체 • 자동차 산업 • 농기계 / 건설장비 • 항공
스프링 어큐뮬레이터 SF 	5…330	6 까지	• **가스 충진 불필요 & 가스 손실 없음** • 단순한 디자인 • 가스 충진 어큐뮬레이터와는 대조적으로 온도에 상관없이 기능	**작은 보유 체적, 스프링 크기에 의존** • 자동차 산업 • 농기계 / 건설장비

3.1 블래더 어큐뮬레이터

그림 | 블래더 어큐뮬레이터

▸ 디자인

그림에서 보듯이, 블래더 어큐뮬레이터는 압력 관점의 시스템 요구사항을 충족하도록 견고하고 튼튼한 압력용기로 구성된다. 용기 내부에는 고무 같은 재질(탄성중합체)로 만들어진 밀봉된 블래더가 장착되어 있다. 블래더를 채우거나 충진하기 위해 가스밸브가 블래더 위쪽 부분에 부착된다. 압력용기 또는 어큐뮬레이터의 하단에는 어큐뮬레이터 내부의 유체가 방출될 때 먼저 블래더가 용기 밖으로 빨려나가는 것을 방지하기 위한 유체 밸브가 장착되어 있다. 밸브와 관련하여 표준 제품의 경우, 어큐뮬레이터의 용량과 유체의 점도에 따라 밸브 통과 유속이 4~30 liter/s를 초과하면 안 된다.

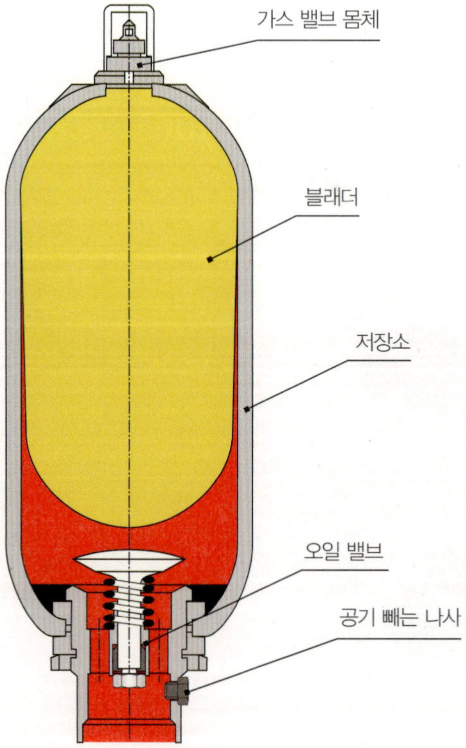

그림 | 블래더 어큐뮬레이터

▸ 기능

블래더는 가압된 질소(p_0 = 제조사에서 규정한 선-충진 가스 압력)로 채워진다. 이 경우 유체 밸브는 잠겨있다. 시스템에 압력이 가해지면, 어큐뮬레이터의 선-충진 압력을 초과하여 밸브가 열리고 유압작동유는 어큐뮬레이터 내부로 흘러 들어간다. 압력이 지속적으로 증가하면, 가스의 체적은 최대작동압력(p_2)까지 압축된다. 블래더 내부의 최소에서 최대 작동압력 사이의 가스체적 **변화는 가용유체체적과 일치한다.**

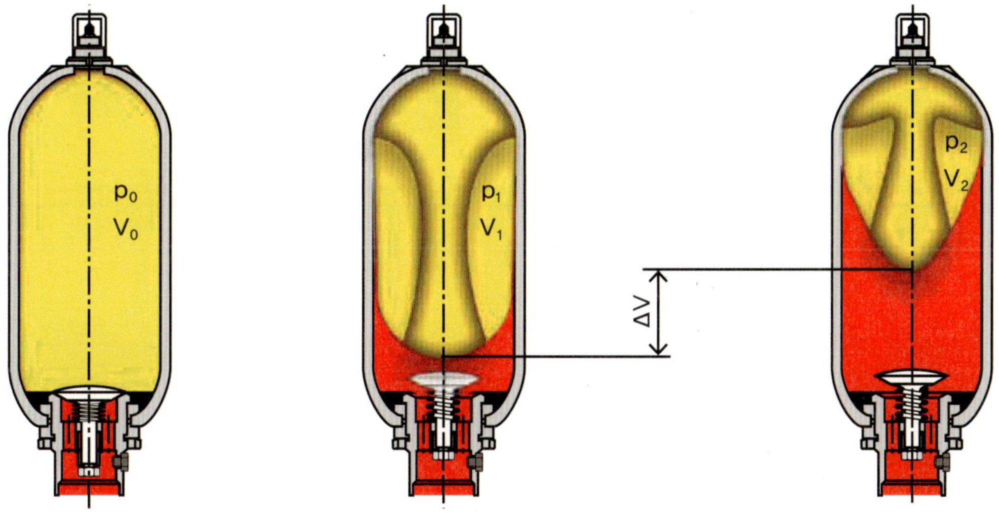

p_0 = 선 충진 가스 압력　　p_1 = 최소 작동 압력　　p_2 = 최대 작동 압력

V_0 = 유효한 가스 체적　　V_2 = p_2에서의 가스 체적　　V_1 = p_1에서의 가스 체적　　ΔV = 사용 가능(유효) 체적 유량

그림 | 블래더 어큐뮬레이터의 기능 원리

주의

극히 예외적인 경우, 만약 블래더 교체를 위해 블래더 제거가 매우 복잡하거나, 블래더를 매우 빠르게 교체하여야 한다면 조립과 제거 또한 가스측에서 가능하다.(상부수리가능타입) 결과적으로 유체밸브를 장착하기 위한 압력용기의 홀이 가스밸브 부착을 위한 홀보다 직경이 크다. 그러므로 유체쪽으로 부터의 블래더의 장착과 제거는 명확하게 해야 한다. 블래더 어큐뮬레이터는 항상 수직으로 바른 위치에 장착되어야한다. 즉, 가스 밸브는 항상 위에 있어야 하며 유체 밸브는 항상 아래에 있어야 한다. 블래더 어큐뮬레이터가 수평으로 기울여 질수록 유체 방출유량과 유속은 나빠진다.

▸ 블래더 어큐뮬레이터 탄성중합체의 호환성:

블래더의 재질은 작동유체와 온도에 따라 조정되어야 한다. 탄성중합체를 선택할 때, 만약 가스 제거 조건이 좋지 않다면(높은 압력비 p_2/p_0, 높은 수축/팽창 속도), 가스 온도가 탄성중합체의 허용 온도 이하로 냉각될 수 있다는 사실을 고려하여야 한다. 이는 탄성중합체에 냉간균열을 발생시킬 수 있다. HYDAC의 어큐뮬레이터 시뮬레이션 프로그램 ASP는 정확한 가스 온도 계산을 도와준다.

작동유체와 상황에 따라 사용 가능한 탄성중합체의 종류가 다르므로, 반드시 각 적용사례에 따라 선택되어야 한다. 기술 데이터 시트 참조.

▸ **장점**

- 큰 유량 가능
- 낮은 관성
- 성형체
- 낮은 유지보수 비용
- 좋은 가성비
- 고 주파수 가능

3.1.1 특수 디자인된 고유량 어큐뮬레이터, 저압

고 유량 어큐뮬레이터는 특별히 30 liter/s까지 허용유량으로 디자인되어 있다. 이러한 고 성능 어큐뮬레이터는 관로 연결에 의해 큰 유량이 발생하는 특수한 경우를 대비하기 위함이다. 서로 다른 디자인의 오일 밸브의 적용으로 인해 최대 가능 유량은 실제 요구에 따라 조정될 수 있다.

▸ **특수 디자인의 예**

- SB35HB
- SB16AH

그림 | SB35HB 20 Liter

그림 | SB16AH 150 Liter

3.2 피스톤 어큐뮬레이터

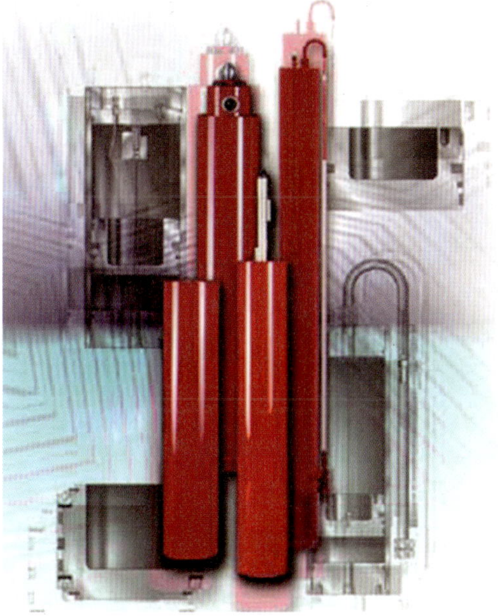

그림 | 피스톤 어큐뮬레이터

▸ 디자인

아래 그림은 피스톤 어큐뮬레이터의 대표적인 디자인을 보여준다. 주요 부품은 정교하게 내부 표면 가공된 실린더와 가스측의 앤드캡이 있다. 그 사이에는 가벼운 재질의 금속 피스톤이 O-ring으로 가스측과 유체측을 밀봉한다. 실린더는 두 기능을 갖는다. 첫째, 내부압력을 보유하며, 둘째, 가스와 유체 사이의 분리요소 역할을 하는 피스톤을 안내한다.

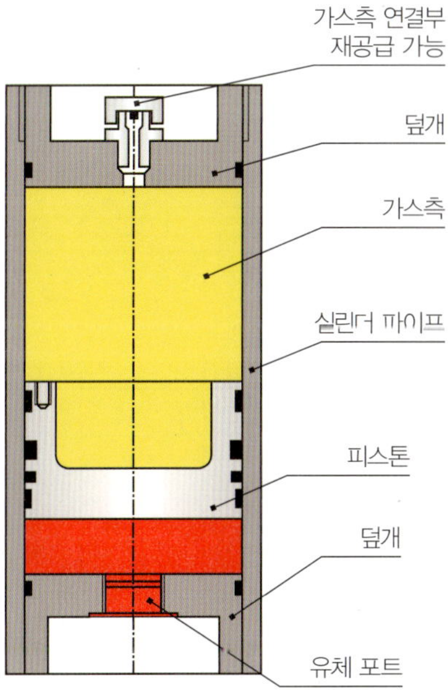

그림 | 피스톤 어큐뮬레이터(나사형)

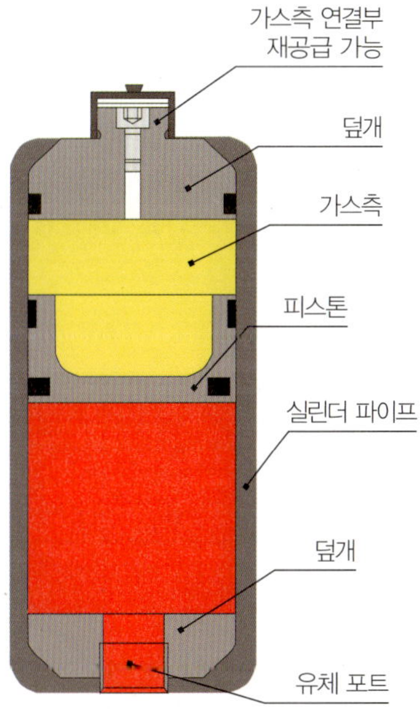

그림 | 피스톤 어큐뮬레이터(SK280)

선-충진 압력 수준까지의 질소 충진은 피스톤을 유체측의 덮개 방향으로 움직여 유체측의 유체포트를 막는다. 일단 선-충진 압력 수준에 도달하고 피스톤이 초기 이탈움직임의 운동량을 얻게 되면, 피스톤은 챔버 안으로 움직여 가스를 압축한다. 유효체적 V는 압축된 가스 체적 V_1과 V_2로부터 얻을 수 있다. 초기 이탈 운동량과 작동 중 마찰로 인한 손실은 전적으로 피스톤 디자인에 좌우된다.

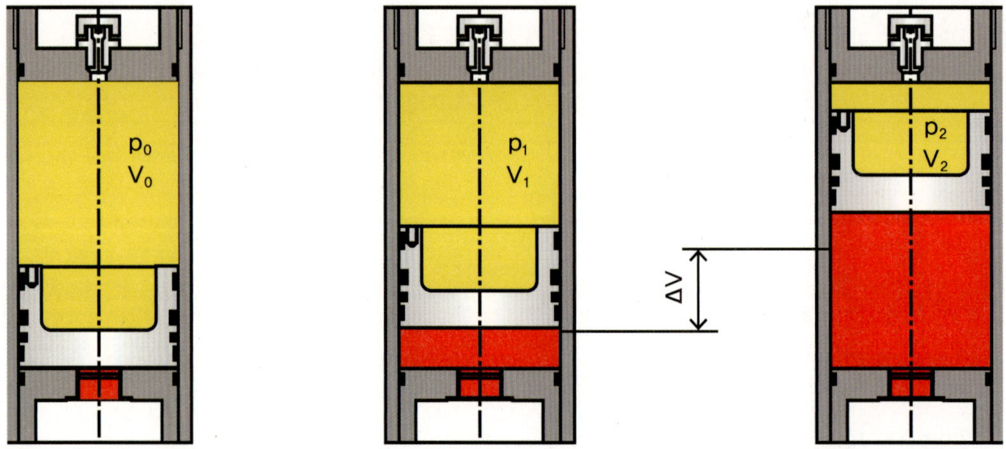

p_0 = 가스 선-충진 압력　　p_1 = 최소 사용 압력　　p_2 = 최대 사용 압력

V_0 = 유효 가스 체적　　V_2 = p_2 가스 체적　　V_1 = p_1 가스 체적　　ΔV = 사용 가능(유효) 체적 유량

그림 | 피스톤 어큐뮬레이터의 기능 원리

적절하게 맞는 압력 수준을 만들기 위해, 피스톤 씰링과 내부 실린더 벽 사이의 마찰은 될 수 있는 대로 낮아야 한다. 따라서 실린더 내부는 정교하게 가공되어져야 한다. 그러나 가스와 유체 챔버 사이의 압력차이는 피할 수 없다. 아래 그림은 두 가지 서로 다른 씰링 시스템의 어큐뮬레이터 사이클에서의 오일과 가스 압력의 변화를 보여준다. 그림에서 보듯이 저마찰 씰링 시스템은 두 압력 간의 차이를 작게 만들고 보다 나은 작동을 보인다. 그러나 마찰 저항은 일정하지 않으며, 작동 압력이 증가함에 따라 마찰 저항은 증가한다. 공급 펌프를 끄거나 어큐뮬레이터의 오일 레벨 모니터링과 같은 유압시스템의 특정 기능은 피스톤 어큐뮬레이터의 수정에 의해 직접적으로 영향 받을 수 있다. 문제 해결은 피스톤에 피스톤로드를 연결하고 이후 어큐뮬레이터 밖으로 설치함으로써 해결된다.

피스톤 어큐뮬레이터의 오일과 가스 압력의 측정

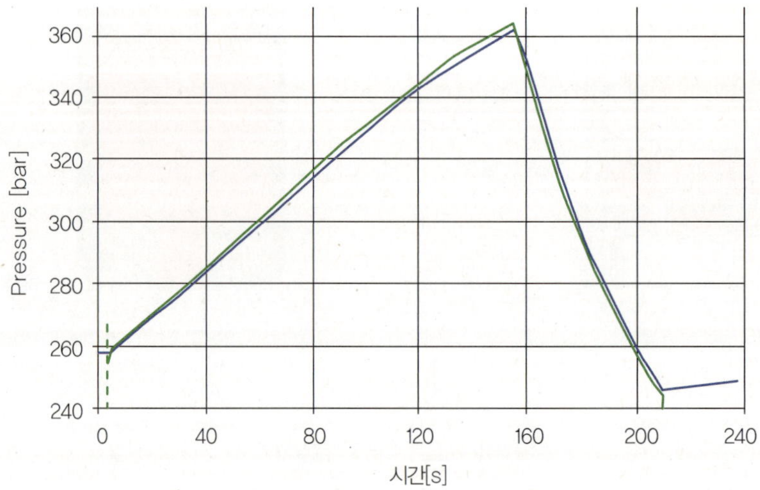

그림 | 오일과 가스 압력 그래프

▸ **이것은 아래의 서로 다른 방법들에 의해 특정 제어 기능들의 실현 가능성을 보여준다:**

- 캠 스위치에 의한 기계적 방법
- 영구자석에 의한 전기적 방법
- 유도성 근접스위치에 의한 방법

피스톤 위치를 알기 위한 다른 가능성은 초음파 측정 시스템을 사용하는 것이다. 마이크로프로세서에 의하여 피스톤 위치와 가스압력의 동시 측정 데이터가 여러 제어기능에 직접 사용된다.

▸ **장점**

- 펌프 제어(제어 스위치 필요 없음)
- 비상 기능
- 안전 기능
- 기계 제어
- 가스 압력의 측정

▸ **피스톤 모니터링**

전기식 제한(limit) 스위치의 피스톤 어큐뮬레이터

- **문자 코드** : A = Stroke 35 mm
B = Stroke 200 mm
C = Stroke 500 mm
- **피스톤 직경** : 100 mm 이상

연장 피스톤 로드

- **문자 코드** : K
- **피스톤 직경** : 100 mm 이상

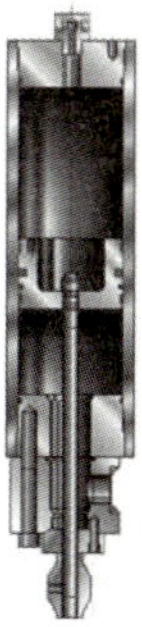

초음파 위치 측정 시스템

- **문자 코드** : U
- **피스톤 직경** : 180 mm 이상
- 유체측에서 측정

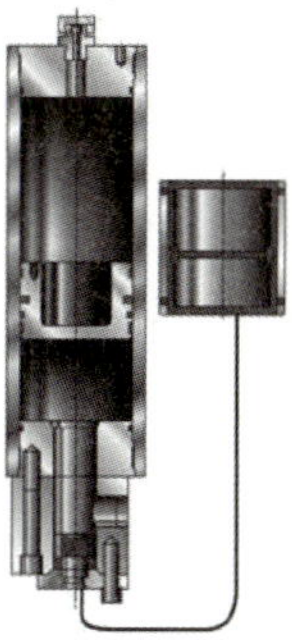

케이블 제어 측정

- **문자 코드** : S
- **피스톤 직경** : 180 mm 이상
- 기밀 압력에 의한 케이블 탄성을 가스측에서 측정
- **케이블 관 최대압력** : 350bar

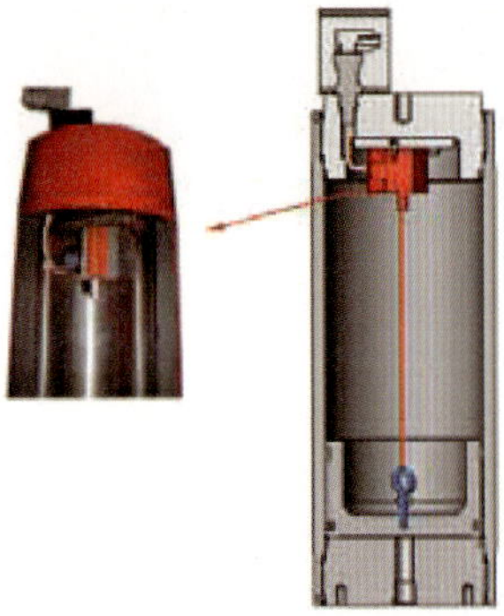

Magnetic flap 인디케이터

- **문자 코드** : M
- **피스톤 직경** : 150 mm 이상
- 저속(< 0.5 m/s), 간헐적 사용(< 5번/하루)의 피스톤 운동

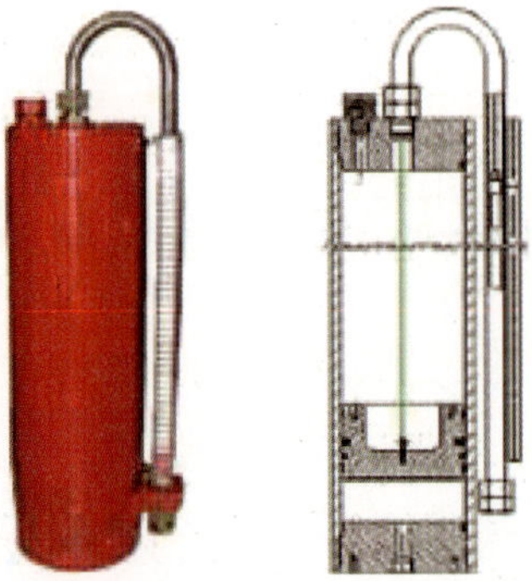

▸ 피스톤 위치 검측 스위치

문자 코드 : UP/UPEX

- 다른 디자인, Øi = 60 mm 부터 500 mm²/s 점도까지 가용함 + 방폭사양

LS 06.14 :

- 표준 디자인

매체의 점도 < 100 mm²/s

LS 06.14 BF3 :

- 고점도 < 500 mm²/s

SONOCONTROL 14 BF5 :

- 방폭에 적용 매체의 점도 < 100 mm²/s

피스톤의 유형	
Tree shape 1 : V_{max} = 0.5 m/s • 어큐뮬레이터에 일반적으로 사용 • 높은 수준의 오염에 적용하기 위해 최적화됨	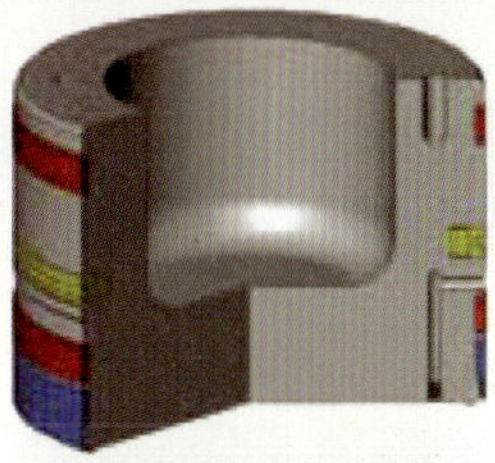
Tree shape 2 : V_{max} = 3.5 m/s • 고속 피스톤을 위한 저마찰 디자인 • 피스톤 저속 운동 시 매우 낮은 "스틱-슬립 효과" • 여과등급 : NAS 1638, Class 6; ISO 4406, Class 17/15/12	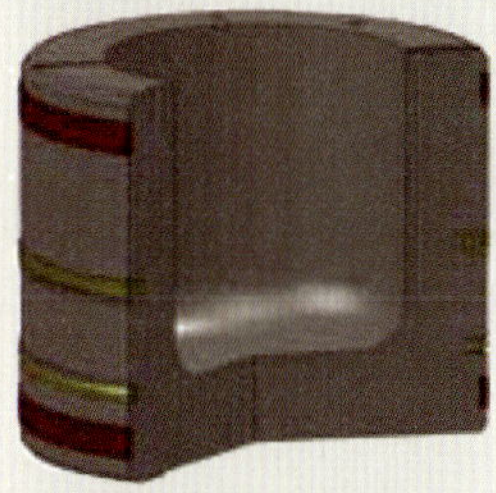
Tree shape 3 : V_{max} = 0.8 m/s • 저마찰디자인, 간단한 씰링 구조 • 피스톤 저속 운동 시 매우 낮은 "스틱-슬립 효과" • 여과등급 : NAS 1638, Class 6; ISO 4406, Class 17/15/12	
Tree shape 4 : V_{max} = 5 m/s • 비상기능과 저마찰디자인 • 피스톤 저속 운동 시 매우 낮은 "스틱-슬립 효과" • 가스측으로 매우 적은 누유량 • 여과등급 : ISO 4406 class 17/15/12	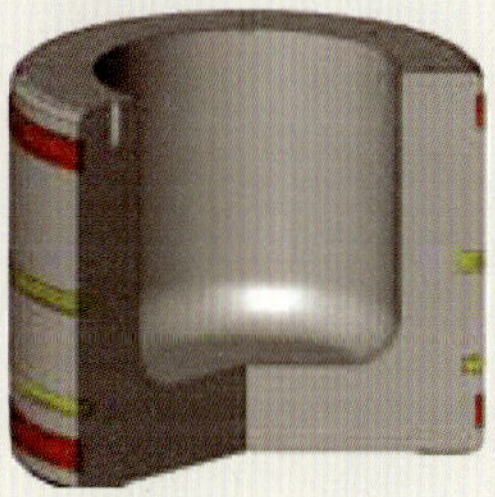

▸ 장점

- 무제한 압력비
- 모든 조립 위치에 가능
- 요구되는 곳에 피스톤의 위치 가시화
- 큰 효율적인 체적 가능
- 특히 백업 가스용기 환경설정에 적합
- 대유량 제작 가능
- 씰 손상 시 급작스런 가스 방출 없음

3.3 다이어프램 어큐뮬레이터

▸ 디자인

그림 | 다이어프램 어큐뮬레이터

그림에서 보이는 다이어프램 어큐뮬레이터는 공 또는 실린더 형태의 내압축성 철제 용기로 구성된다. 용기의 내부에는 분쇄가능한 탄성체(탄성중합체 또는 PFFE 테프론 막)로 만들어져 분리재 역할을 하는 멤브레인 또는 다이어프램이 장착되어 있다. 어떤 경우에는 탄성중합체의 내구성을 크게 요구한다. 즉, 탄성중합체가 공격적인 액체에 노출되었을 때 다이어프램을 정기적으로 교체하는 것이 좋다. 이를 위해 HYDAC은 공격적인 액체에 높은 저항을 갖으며 –30 ℃ 에서 +160 ℃의 온도 범위에서 사용 가능한 반구형 다이어프램을 개발했고 용접식과 나사식의 다이어프램 어큐뮬레이터로 구별된다.

용접식 어큐뮬레이터의 다이어프램은 원주 이음매가 용접되기 전에 하부에 가압된다. 주의 깊은 다이어프램의 조립과 적합한 용접기술로써 용접하는 동안 다이어프램이 손상되지 않도록 보장한다. 나사식 어큐뮬레이터의 다이어프램은 상부와 하부 사이에 O링 형상에 비드(bead)에 의해 고정된다. 압축 견고성은 잠금너트를 통해 확인된다.

두 방식 모두 다이어프램은 하단부의 중앙에 밸브 플레이트가 장착된다. 이로써 다이어프램 막이 유체 연결을 통해 외부로 밀리는 것을 방지 할 수 있다. 어큐뮬레이터가 완전하게 방출될 때 이와 같은 상황이 발생할 위험요소가 있다.

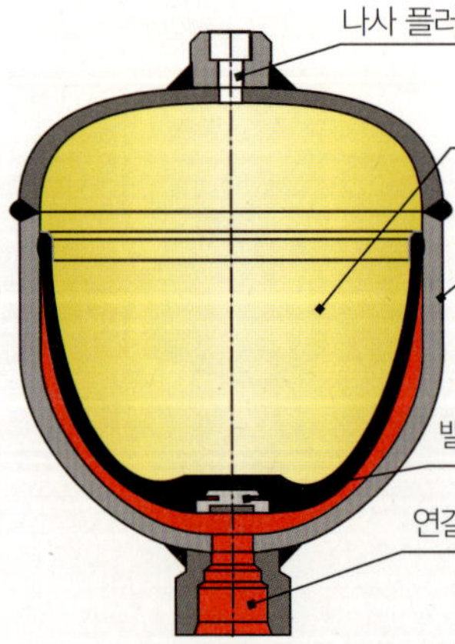

그림 | 용접식 다이어프램 어큐뮬레이터

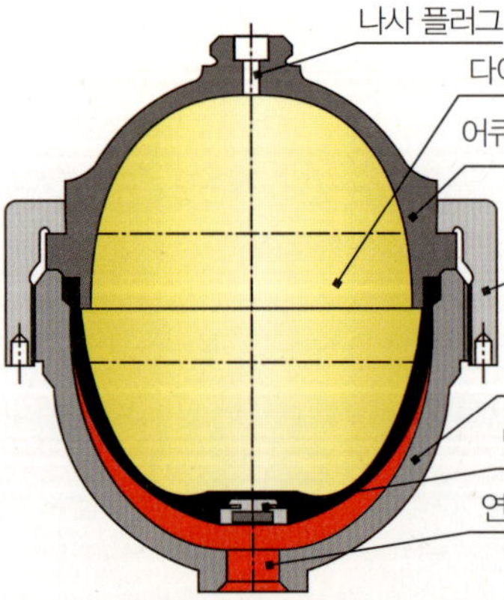

그림 | 나사식 다이어프램 어큐뮬레이터

▸ 기능

아래 그림은 어떻게 다이어프램 어큐뮬레이터가 작동하는지 보여준다. 시작 조건에서 다이어프램은 질소 가스 측으로부터 적절한 충진 압력 P_0를 받는다. 다이어프램은 어큐뮬레이터 내부의 곡면형상을 따라 움직이고 밸브 플레이트는 유체 연결을 막는다. 블레더 어큐뮬레이터와 같이 밸브 플레이트는 유체 압력 $\geq P_0$에 도달할 때 위로 움직인다. 그러면 유압 유체는 어큐뮬레이터 내부로 인입된다. 유효 유체 체적은 최소와 최대 작동압력 사이의 차이로 계산할 수 있다. 다이어프램 어큐뮬레이터는 어느 위치에나 장착할 수 있다. 그러나, 항상 수직으로 세워 사용하는 게 바람직하다

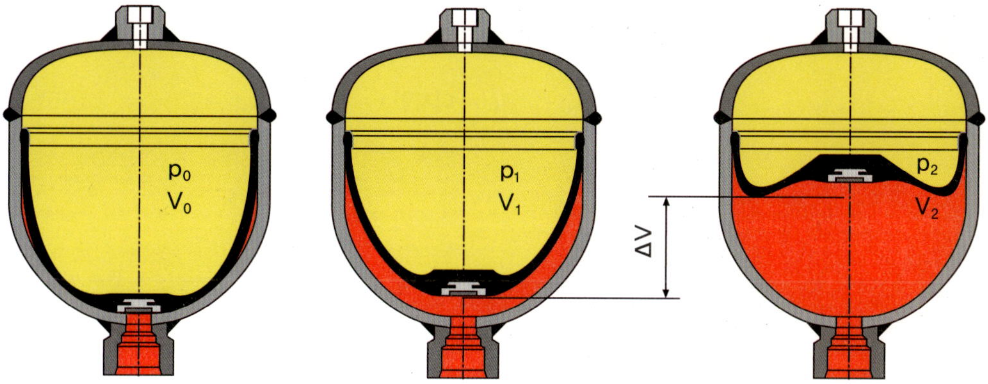

p_0 = 가스 선-충진 압력 p_1 = 최소 작동 압력 p_2 = 최대 작동 압력

V_0 = 유효 가스 체적 V_2 = p_2에서의 가스 체적 V_1 = p_1에서의 가스 체적 ΔV = 사용가능(유효) 체적 유량

그림 | 다이어프램 어큐뮬레이터의 기능 원리

▸ 다이어프램 어큐뮬레이터의 탄성중합체의 호환성:

다이어프램의 재질은 각 작동 매체 및 온도에 적절히 맞추어야 한다. 탄성중합체를 선택할 때, 만약 가스 제거 조건이 좋지 않다면(높은 압력비 p_2/p_0, 높은 수축/팽창 속도), 가스 온도가 탄성중합체의 허용 온도 이하로 냉각될 수 있다는 사실을 고려하여야 한다. 이는 탄성중합체에 냉간균열을 발생시킬 수 있다. HYDAC의 어큐뮬레이터 시뮬레이션 프로그램 ASP는 정확한 가스의 온도 계산에 도움을 준다.

▸ 장점

- 설치 위치의 자유로운 선택
- 블래더 어큐뮬레이터 보다 높은 압력비
- 작은 정격 용량(현재 0.075 liter)
- 낮은 유지보수비
- 실질적으로 관성이 거의 없음
- 높은 내구성
- 좋은 가성비

주의
작동 매체 및 각각의 조건에 따라 서로 다른 종류의 탄성중합체 사용이 가능하다. 이는 각각의 적용사례에 따라 개별적으로 선택되어야 한다. 기술 데이터 시트 참조

3.4 금속 벨로즈 어큐뮬레이터

그림 | 금속 벨로즈 어큐뮬레이터들

▸ 디자인

금속 벨로즈는 벨로즈(물결 모양의 파이프)을 갖추고 있다. 금속 벨로즈는 다른 부품에 용접됨으로써 가스가 전혀 새지 않는다. 칸막이 판/ 디퓨저 블록은 감쇠 특성을 향상을 위해 통합된다. 금속 벨로즈는 가스와 오일 사이를 분리하는 역할을 한다.

▸ 기능

금속 벨로즈는 마찰과 마모 없이 어큐뮬레이터의 안으로 움직인다. 한번의 조절로써 오랜 기간(년) 동안 사용할 수 있다. 이로써 모니터링과 유지보수를 최소화한다.

▸ 장점

- +160 ℃ 이상의 온도에서 사용 가능
- 부품 사이 무 마찰(무 마모), 가스 새지 않음
- 유지보수 필요 없음
- 재 충진 필요 없음
- 모든 유압유에 사용 가능
- 낮은 운영 비용

▸ 적용

- 선박 디젤 엔진과 발전소 전동기의 맥동 감쇠, 계량 펌프에도 쓰임
- 체적 보상 및 에너지 저장 블록

3.5 경량화된 유압 어큐뮬레이터

그림 | 경량화된 어큐뮬레이터의 제품 범위

경량화된 유압 어큐뮬레이터는 블래더, 피스톤, 다이어프램 어큐뮬레이터 모두 가용하다. 경량화는 어큐뮬레이터 외벽 두께를 줄이거나 또는 알루미늄과 그 화합물을 사용하여 무게를 줄일 수 있다. 이러한 재질의 적용은 탄소강으로 만들어진 일반적인 어큐뮬레이터와 비교하여 80%까지 무게를 감소시킨다.

▸ 경량화된 어큐뮬레이터의 다양한 에너지 절약 방법

한편으로 경량화된 어큐뮬레이터는 에너지 절약, 즉 연료와 자원의 절약에 기여한다.

▸ 또 한편으론, 에너지 저장에 사용되기도 함

엔진 또는 기계의 제동 절차 동안 생산된 에너지는 어큐뮬레이터에 저장되어 가속 시 다시 사용된다. 이는 매일 사용하는 운송차량, 특히 "정지 후 재출발" 상황에서 에너지를 절약할 수 있다. 몇 가지 예로써 버스(셔틀, 도심 속 대중 교통버스), 공공서비스 차량, 배달트럭 그리고 레일 차량 시스템이 있다.

▸ 경량화된 어큐뮬레이터를 적용 가능성 있는 산업들

- 모바일 장비
- 해상석유굴착; 성유 가스
- 항공 그리고 항공우주산업
- 풍력에너지

경량화된 어큐뮬레이터의 예:

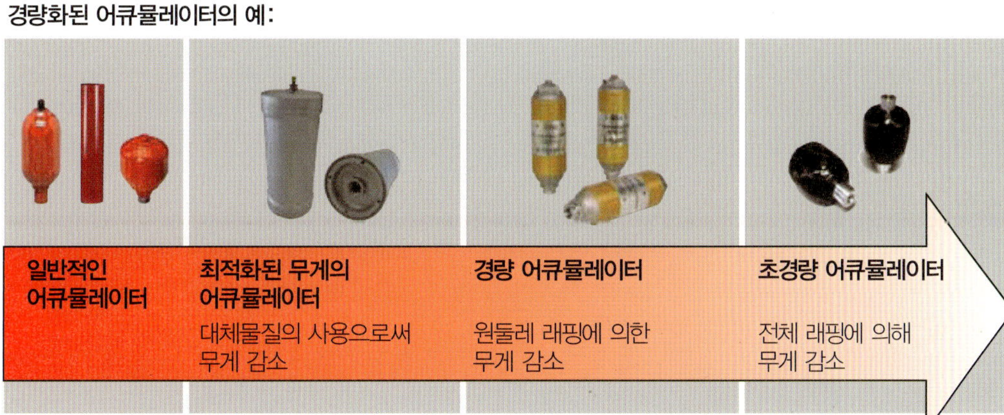

3.6 유압 댐퍼

그림 | 유압 댐퍼

▸ 유압 시스템에서, 압력 변동은 다음과 같은 다양한 내재적 과정 때문에 발행할 수 있다

- 용적식 펌프 내에서의 불규칙성
- 스프링 질량 시스템(밸브 내 압력 보상)
- 서로 다른 압력 수준의 압력 챔버에 갑작스런 연결
- 짧은 개폐 시간의 잠금 밸브와 제어 밸브 작동
- 유압유의 유동상태가 변하는 용적식 펌프의 연결과 분리

유압 댐퍼는 부품의 수명에 부정적인 영향을 주는 유량 또는 압력 변동의 기능과 관련된다. 일시적인 것(압력 급증)과 주기적인(맥동) 압력 변동은 구분된다. 이와 같은 것들이 유압 댐퍼의 기능에 혼선을 일으키지 않기 위해서는, 유압 장치의 계획 단계에서 압력변동을 고려하여 적절한 대책을 취해야 한다. 맥동 감쇠의 방안은 많이 있다. 그러나 유압시스템에서 유압 댐퍼는 특히 적절하고 효율적임이 밝혀졌다.

▸ 맥동 유형

압력 맥동은 다음 중 하나의 유체 시스템의 변동이다.

- 주기적이고 균일하게
- 불규칙하게
- 사이클적으로

압력 맥동은 펌프의 양단(토출 측과 흡입 측)에서 발생한다.
이러한 댐퍼에 대한 요구사항은 물리적, 구조적 또는 관리적 측면으로 분류될 수 있다. 물리적 매개변수는 넓은 주파수 영역을 수용함과 동시에 압력 강하는 낮아야 하는 매우 독특한 감쇠 과정과 관련된다. 구조적 디자인은 우수한 장착 가능성, 충분한 온도, 유체와 압력 저항이 복합된 간단한 구조를 기본적으로 요구한다. 운영적인 관점에서는 작동의 신뢰성을 잃지 않기 위하여 가능한 유지보수가 적을 것을 가정한다.

▸ 일반 사항들

작동모드에 따라 유압 댐퍼는 유공압 블래더, 다이어프램 어큐뮬레이터 또는 유체소음기의 물리적 원리에 기반한다. 유공압 댐퍼에서는 내부의 질소가스의 압축성이 적용된다. 예를 들어 블래더 어큐뮬레이터에서는 적용압력의 크기에 따라 블래더가 압축되거나 팽창된다.
비슷한 예로써, 다이어프램 어큐뮬레이터를 들 수 있다. 표준화된 블래더 또는 다이어프램 어큐뮬레이터가 적용되는 동안, 댐핑 과정은 유압유와 가스의 맞지 않은 연결로 인해 문제가 발생 될 수 있다. 그러므로 인라인 연결 블록, 커플을 사용하여 오일 체적 또는 압력의 변동과 가스의 체적을 최적으로 연결하는 특별한 유공압 댐퍼(맥동타입 댐퍼)가 개발되어 왔다. 이로써 거의 500 Hz 주파수 영역에 이르도록 뛰어난 감쇠 성능을 달성할 수 있다.

▸ **다음과 같은 유압 어큐뮬레이터의 감쇠 과정은 서로 구별된다**

- 맥동 감쇠
- 서지(surge) 압력 감쇠
- 소음 흡수

▸ **유압 댐퍼의 유형**

- 맥동 댐퍼
- 흡입 스테빌라이저
- 유체 소음기
- 압력 서지 댐퍼(충격 완충기)

3.6.1 맥동 댐퍼

그림 | 맥동 댐퍼

▸ **디자인**

맥동 댐퍼는 화학적으로 특별한 유체에 강한 탄소강으로 만들어진 단조 압력 용기나 용접으로 이루어진다. 유체 밸브는 직렬의 연결 관로와 가스의 흐름이 개선되도록 특별히 고안된 유체 밸브이다.

▸ **기능**

맥동 댐퍼는 바로 파이프 안으로 장착될 수 있기 위해 2개의 유체 연결부를 가진다. 유량은 블래더 또는 다이어프램으로 바로 향하기 위하여 유체 밸브로 방향이 전환된다. 이는 관성이 없는 가스 체적을 통해 유량 변동을 보상하는 흐름이 블래더 또는 다이어프램과 직접적으로 접촉함을 의미한다. 이것은 또한 더 높은 주파수를 갖는 압력 변동을 포함한다. 선 충진은 각각의 작동 상태에 따라 조절된다.

▸ **적용**

맥동 댐퍼는 화학 산업 처리 공정의 유압장치, 용적식 펌프, 민감한 측정 및 제어 장치와 넓게 배설된 관로 시스템에 사용된다.

▸ **맥동 댐퍼**

- 배관 진동과 불규칙한 유량, 재료의 피로에 의한 배관 파열을 방지
- 제어 기기 및 기타 구성요소를 보호하는데 적합
- 소음 흡수 향상

▸ **디자인**

- 다이어프램 또는 블래더 어큐뮬레이터로 작동하는 맥동 댐퍼
- 흡입유량 스테빌라이저
- 유체 소음기
- 표준화 된 블래더, 다이어프램 및 피스톤 어큐뮬레이터
- 금속 벨로즈 어큐뮬레이터

▸ **맥동의 근원**

맥동은 아래의 불규칙한 정도에 의해 생성됨

- 피스톤 펌프
- 다이어프램 펌프
- 기어 펌프
- 베인 펌프 또는 압력 릴리프 밸브의 작동 압력이 특히 크래킹 압력에 근접하여 작동할 때

3.6.2 흡입 스태빌라이저

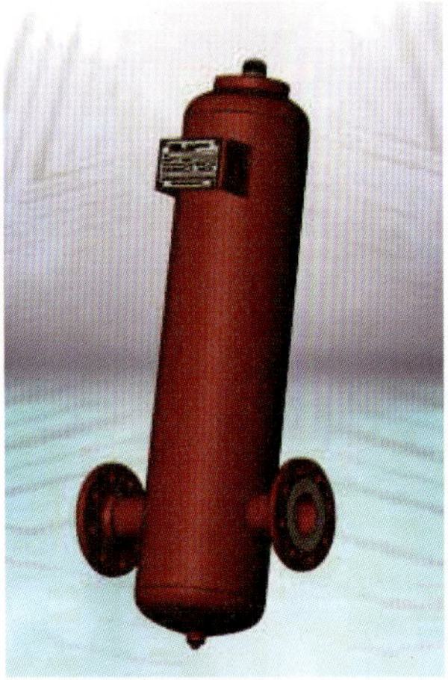

그림 | 흡입 스태빌라이저

맥동 감쇠의 다른 방법은, 특히 흡입측에서 발생된 압력 파동을 보상할 때, 흡입 스태빌라이저를 사용한다.

▸ 디자인

스태빌라이저는 필수적으로 저장소 역할을 하는 상당히 큰 하우징(블래더의 크기와 비교하였을 때)과 저장탱크, 가스밸브 피팅 그리고 블래더 박스로 구성된다.

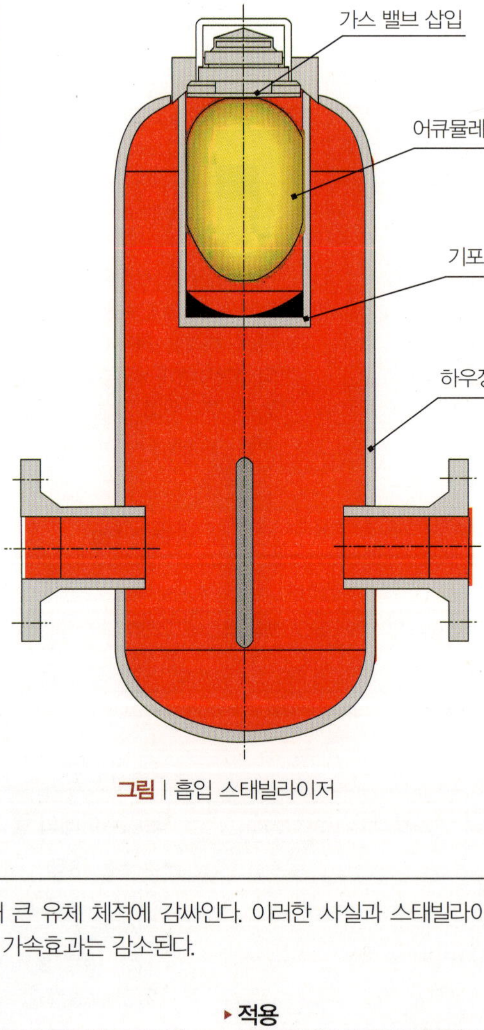

그림 | 흡입 스태빌라이저

▸ 기능

가스체적은 가스체적보다 몇 배 큰 유체 체적에 감싸인다. 이러한 사실과 스태빌라이저의 연결부 근처에서의 특별한 설계 때문에 유체흐름의 가속효과는 감소된다.

▸ 다음과 같은 효과로 이어짐

- NPSH값(Unit holding pressure)의 향상
- 펌프 캐비테이션의 방지
- 파이프 진동의 방지

▸ 적용

- 모든 타입의 용적형 펌프
- 민감한 측정과 제어 기구
- 화학산업의 공정 순환
- 용적형 펌프의 흡입부 저압 영역

일반적으로 보조펌프(로터리 펌프)는 파일럿 압력의 생성을 위해 펌프 이전에 관로와 연결된다.

3.6.3 소음기

그림 | 소음기

▸ **디자인**

유체 소음기는 용접이나 주조 된 외부 하우징과 내부 튜브, 양 옆으로 연결된 두 개의 배관으로 구성된다. 유체 소음기는 이동 부분이 없고 가스 충진되어 있지 않다. 그러므로 어떠한 유지보수 작업도 필요 없다. 유체 소음기는 광유 등 유압 유체에 사용될 수 있다. 스테인리스강으로 설계 된 것은 부식성 유체와 함께 사용 가능하다.

▸ **기능**

유체 소음기는 간섭 관로(저항)와 확장 탱크(용량)의 원리에 기초한다. 유체 소음기 내부에 진동이 반영됨으로써, 대부분의 진동은 넓은 주파수 스펙트럼에 걸쳐 감쇠된다.

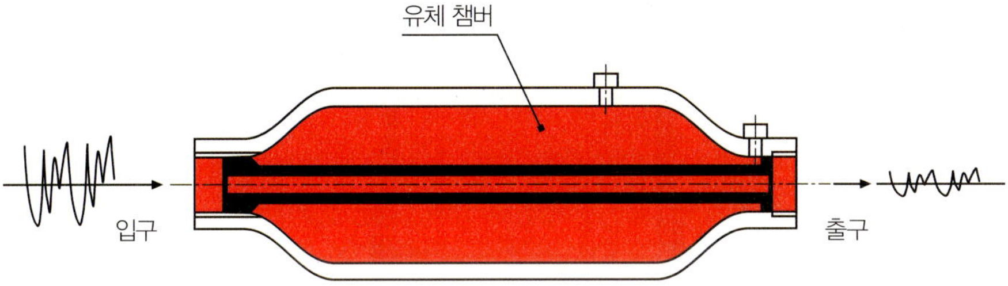

그림 | 소음기

▸ **적용**

- 용적식 펌프(모든 유형)
- 자동차, 공작 기계, 사출 성형기, 항공기
- 유압 구동 장치 등 또 다른 대형 "활동 영역" 시스템

▸ **다음과 같이 사용:**

- dB의 압력 변동을 감소
- 유체 소음기에 의해 소음 수준(dB)을 저감
- 다른 압력 변화의 맥동 보상
- 유지보수 필요 없음(초기 압력 없음)

▸ **일반 비고**

사축 및 레디얼 피스톤펌프, 베인펌프, 기어펌프 또는 스크류 스핀들 펌프와 같은 모든 용적식 펌프는 부피와 압력 변동을 생성한다. 소음은 펌프에 의해서만 발생하지 않는다. 소음의 상당한 수준은 펌프 외에 유체와 기계적 맥동에 의해 발생한다. 만약 소음이 더 큰 표면에 전달되면 소음은 더욱 증폭된다. 절연체, 유연한 호스 또는 소음 차단 마개의 적용은, 맥동의 영향이 다른 영역에 전달되는 것을 막을 수 없기 때문에 문제의 일부분만을 해결할 수 있다. 유체 소음기는 상황을 상당히 개선시킬 수 있다.

3.6.4 충격 완충기

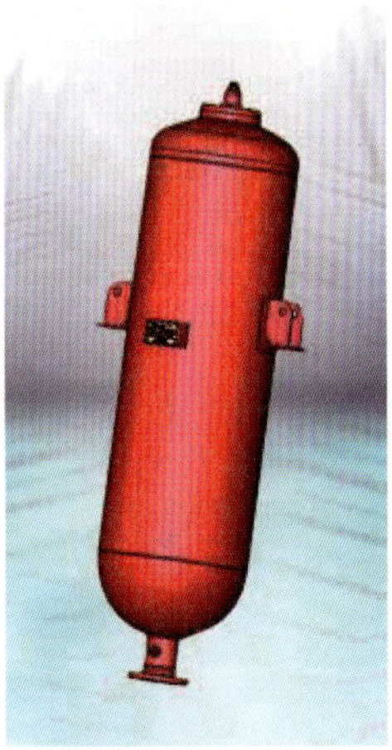

그림 | 충격 완충기

▸ **압력 충격의 감쇠를 위해, 모든 유압 어큐뮬레이터 디자인에 사용 가능 :**

- 블래더 어큐뮬레이터
- 다이어프램 어큐뮬레이터
- 피스톤 어큐뮬레이터

▸ **디자인**

C-스틸 또는 스테인레스 스틸로 만들어진 용접된 압력용기, 블래더가 밀려나가는 것을 막기 위한 천공된 디스크와 유체포트, 가스밸브는 압력 충격 댐퍼의 주된 부품이다.

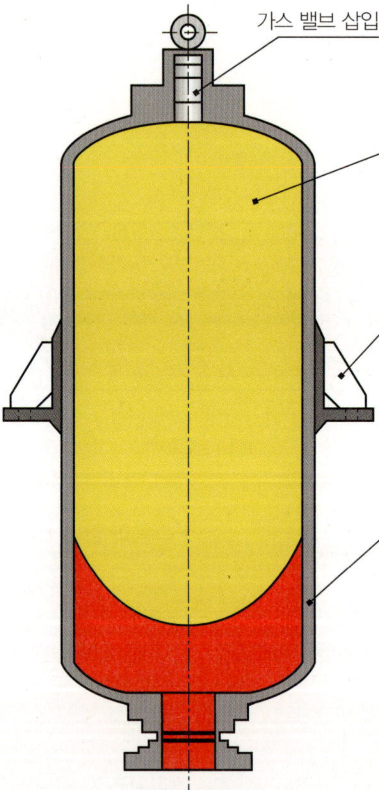

그림 | 저압 블래더 어큐뮬레이터(충격 완충기)

▸ **기능**

펌프의 고장 또는 밸브가 개폐 시 발생할 수 있는 것으로써, 일반적인 유량에 노출된 파이프의 정적 상태의 급격한 변화는 압력 수준을 허용치보다 몇 배 높게 상승시킨다. 압력 충격 댐퍼는 위치 에너지를 운동 에너지로 바꾸거나 또는 운동 에너지를 위치 에너지로 각각 바꿔 줌으로써 이런 사태를 방지한다. 따라서 압력의 급증은 피해지고, 파이프, 제어 유닛과 여타 부품들이 파괴로부터 보호된다.

어디서 서지(surge)압력이 생성될까?

▸ 서지압력은 제어 및 조절 과정에 의해 발생할 수 있다.

- 파이프 시스템에 유입
- 부품의 개폐
- 용기(어큐뮬레이터)의 빠른 압력 감소
- 빠른 유동 제어 과정

▸ 서지압력은 작동 결함에 의해 발생할 수 있다.

- 펌프 또는 압축기 고장
- 파이프 파열

▸ 서지압력은 제어 및 조절 과정에 의해 발생할 수 있다.

- 빠르게 닫히는 밸브 또는 덮개를 가진 파이프 시스템
- 펌프를 키고 끄는 스위칭
- 빠르게 변하는 작동압력

▸ 일반 사항

압력 충격 댐퍼 또는 완충기는 서지압력을 줄일 수 있고 파이프 시스템과 부품 모두를 파괴로부터 보호할 수 있다. 서지압력은 개별적으로 감쇠된 진동으로 발생하는 유체 시스템의 압력파로 정의된다 . 상황에 따라 예측 불가능.(정점 수준에서 캐비테이션)

4 어큐뮬레이터 스테이션

4.1 블래더 어큐뮬레이터에 질소용기의 장착

최소 유체 압력(p1)과 최대 유체 압력(p2) 사이의 압력 차이(Δp)가 상대적으로 작은 경우에는 추가적으로 장착된 질소 용기에 의해 가스 체적을 증가시킬 수 있다. 이 경우, 어큐뮬레이터 안에 질소가 약간 압축될 수 있다. 따라서 저장에 이용되도록 지정된 어큐뮬레이터 체적은 모두 사용되지 않는다. 기존의 작동 조건에 따라 가스 체적은 질소용기를 추가함에 순차적으로 두 배(최대)가 될 수 있다. 그림은 블래더 어큐뮬레이터의 이러한 연결 응용을 보여준다.

이 사례에서 질소용기는 특별히 블래더 어큐뮬레이터의 가스 측에 장착되어 있다. 이 디자인은 설치 과정에서 블래더의 손상을 방지하도록 블래더 내부에 추가적인 크리프 로드가 필요하다.

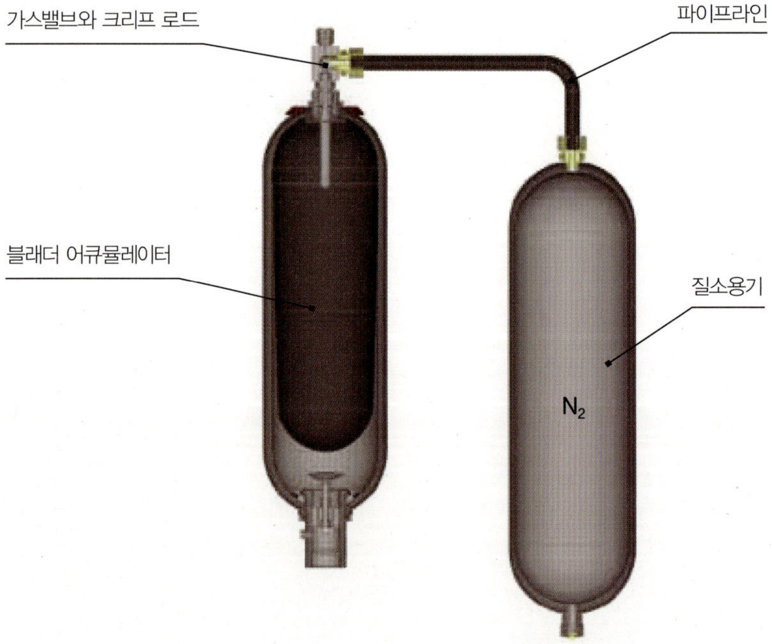

그림 | 블래더 어큐뮬레이터에 질소용기의 장착

> **주의**
> 블래더 어큐뮬레이터의 보강설계에서 그 크기를 정할 때, 가스 체적은 최대 작동압력과 최소 작동온도에서 적어도 블래더 어큐뮬레이터 체적의 25% 이상이어야 함

4.2 연결된 질소용기와 블래더 어큐뮬레이터

▸ 정확한 연결!

압력상승의 일정 비율이 보장되도록 항상 하나의 질소용기를 하나의 블래더 어큐뮬레이터의 가스측에 연결한다.

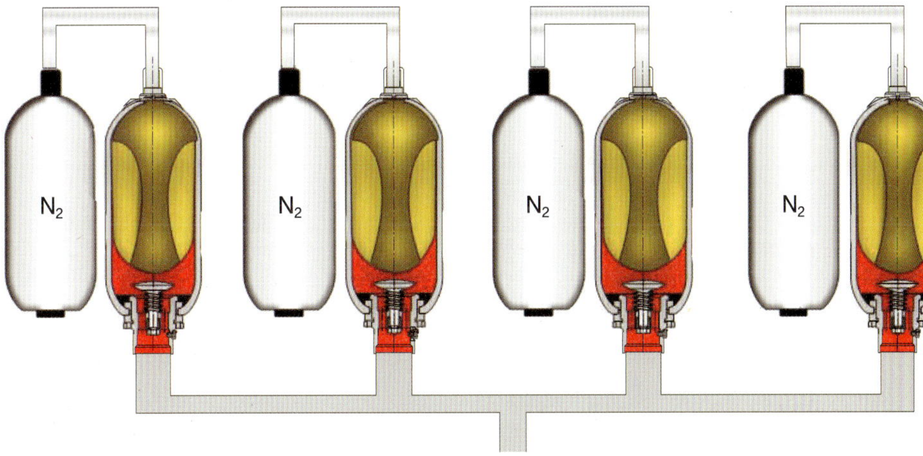

그림 | 적합한 연결의 예

▸ 잘못된 연결!

가스 측과 어큐뮬레이터의 잘못된 연결은 시스템의 상이한 압력조건 때문에 블래더의 걷잡을 수 없는 변형을 일으킨다.

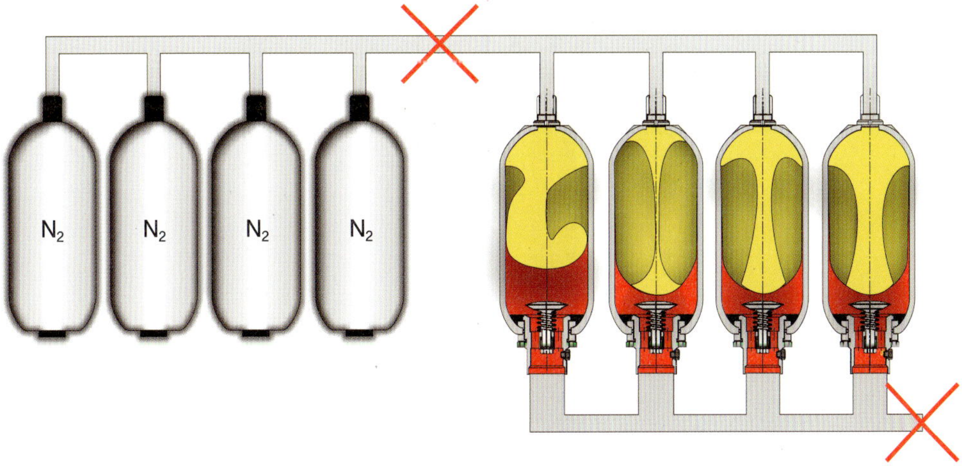

그림 | 부적합한 연결의 예

4.3 피스톤 어큐뮬레이터에 질소용기 보강

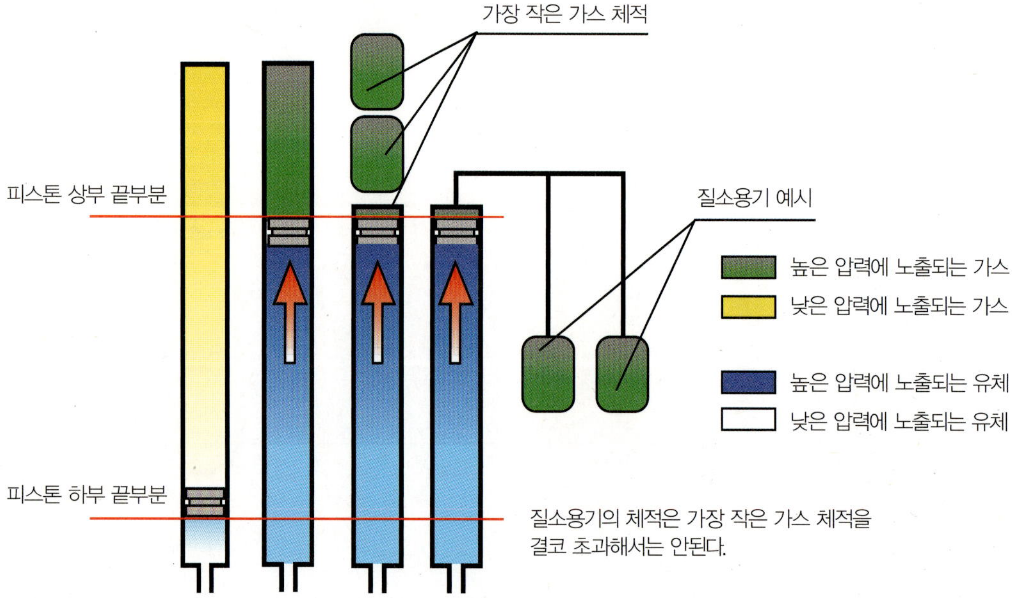

그림 | 피스톤 어큐뮬레이터에 연결된 질소용기의 도식도

주의

추가적인 질소용기에 의하여 어큐뮬레이터 가스 체적은 초과 보강될 수 있다. 그러나 이런 장치의 설계 과정 중에 블래더와 피스톤 어큐뮬레이터의 최대 추가 가스 체적은 운영 및 온도 조건을 고려하여 적절히 조절되어야 한다. HYDAC의 소프트웨어 ASP는 계산에 도움을 준다.

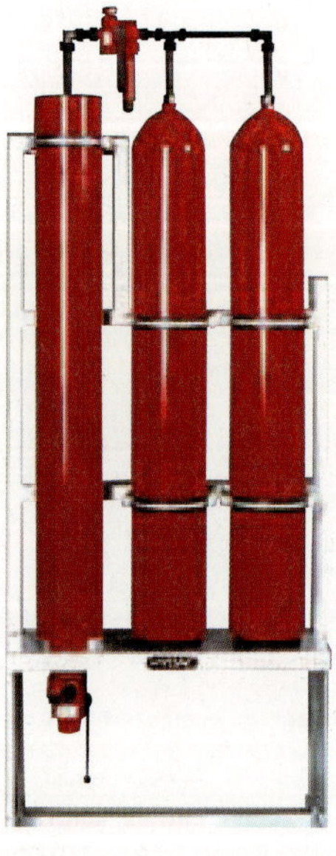

그림 | 피스톤 어큐뮬레이터에 질소 용기의 연결

4.4 피스톤 어큐뮬레이터에 질소용기 연결

▸ **적합한 연결!**

항상 질소용기를 피스톤 어큐뮬레이터의 가스 측에 연결해야 한다.

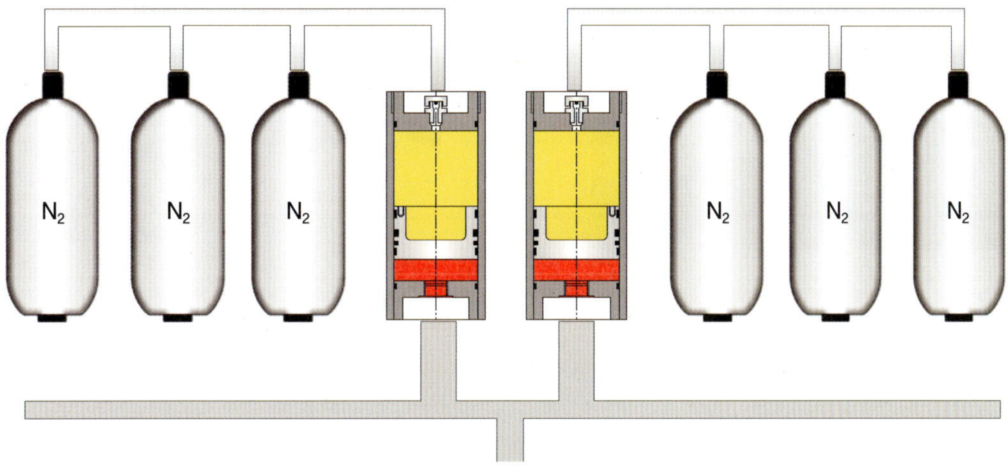

그림 | 적합한 연결

▸ **부적합 연결!**

유체측이 비대칭적으로 연결되어졌다.

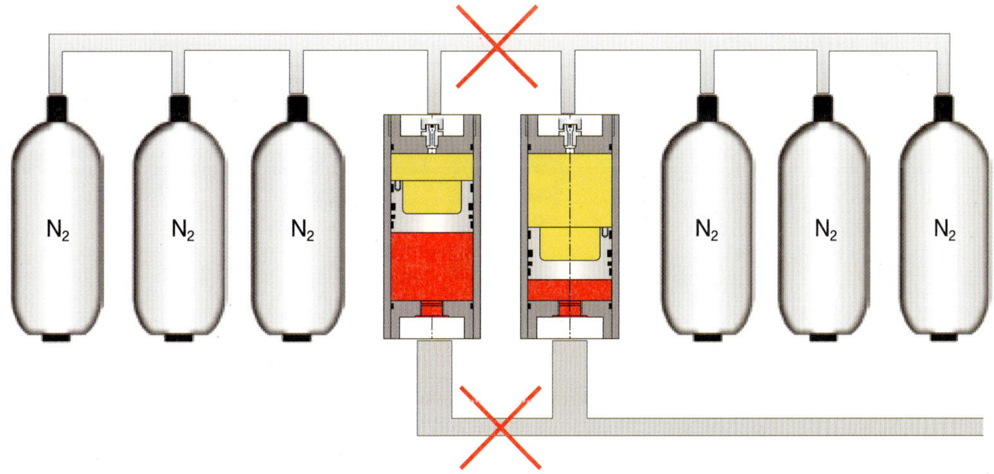

그림 | 부적합한 연결

▸ 적용예

터빈 제어 비상 공급장치, 1340 MW 증기 터빈의 유로 내부의 블래더 어큐뮬레이터

유형 :
SB210 32A1/114A···

사출 성형기의 피스톤 어큐뮬레이터 스테이션

유형 :
2xSK350 70 그리고 22x SN360 50

합판제조 프레스의 중앙 유압장치 유닛의 어큐뮬레이터 스테이션

유형 :
6xSK350 380 그리고 6x SN350 1500

에너지 저장을 위한 피스톤 어큐뮬레이터

유형 :
1x SK350 460l
1x SK350 440l
3x SN350 1570l

Notes

5 부속기기

5.1 유니버셜 충진과 시험 유닛 FPU-1

그림 | FPU 1

▸ 디자인

블래더, 피스톤, 다이어프램 어큐뮬레이터의 충진 및 시험 유닛의 구성 :

- 밸브 몸체
- 탄성 씰의 스핀들
- 체크 밸브와 압력 릴리프 밸브
- 400 bar까지 표시하는 압력게이지
- 충진 호스 (부속기기, EC 기계류 지침, DIN EN 982, DIN EN 853-857)
- 블래더 어큐뮬레이터용 A3 어댑터

▸ 기능

어큐뮬레이터에 질소 충진이나 선-충진 압력의 점검 또는 변경 시, HYDAC의 충진과 시험 유닛 FPU1을 사용한다. 이를 위해 충진과 시험 유닛을 유압 어큐뮬레이터 가스 밸브에 나사 결합하고 유연한 충진 호스를 통해 표준 질소용기와 연결한다. 만약 질소 선-충진 압력의 점검 또는 저감을 위해서라면 충진 호스를 연결할 필요는 없다. 이 유닛은 어큐뮬레이터 가스 밸브를 열어 압력을 제어하도록 내장형 게이지의 나사식 피팅과 체크 밸브 그리고 스핀들을 갖고 있다. 피스톤과 다이어프램 어큐뮬레이터는 직접 충진되고 시험된다. 블래더 어큐뮬레이터는 A3 어댑터를 사용하여 충진되고 시험된다.

▸ 검사 주기

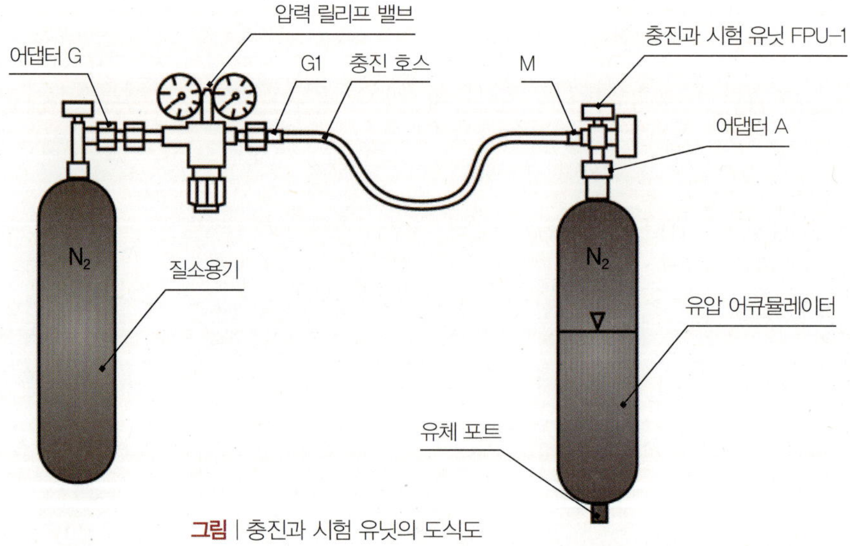

그림 | 충진과 시험 유닛의 도식도

전반적으로 HYDAC 유압 어큐뮬레이터의 질소 손실은 매우 낮다. 그러나 가스 충진 압력 p_0가 저하되어 피스톤이 앤드캡과 부딛치거나 블래더 또는 다이어프램이 지나치게 변형되는 것을 막기 위해 가스 충진 압력의 정규 검사는 권장된다. 회사 라벨 또는 어큐뮬레이터 몸체에 표시된 가스 충진 압력 p_0는 모든 새로운 설치 또는 수리 후 다시 설정하고 그 다음주 동안 한 번 이상 점검해야 한다. 질소 손실이 없다면, 4개월 후에 다시 점검해야 한다. 이 기간 후에 압력의 변화가 발견되지 않는다면 년간 검사로 충분하다.

5.2 질소 충진 유닛

그림 | 질소 충진 유닛

HYDAC 질소 충진 유닛은 빠르고 효율적으로 블래더, 다이어프램 그리고 피스톤 어큐뮬레이터에 요구되는 선-충진 압력의 충진과 보충을 보장한다. 이 유닛은 표준 상용 질소용기를 최적으로 활용하여 20 bar의 잔여압력과 최대 350 bar의 선-충진 압력을 보장한다.

▸ 성능

질소 충진 장치 N2서버는 디자인에 따라 작은 어큐뮬레이터 충진과 어큐뮬레이터 스테이션의 선-충진 압력의 충진과 보충에 적합하다.

▸ 디자인

오일 공급 유닛, 전기 그리고 유압 제어유닛, 피스톤 어큐뮬레이터 그리고 연결호스로 구성된다. 피스톤 어큐뮬레이터는 질소펌프로 사용된다. 질소 충진 유닛 N2서버는 압력 부품의 지시에 따라 압력 보호기능을 갖는다.

▸ N2-서버 유형

1. N2S-M

N2-서버 유형

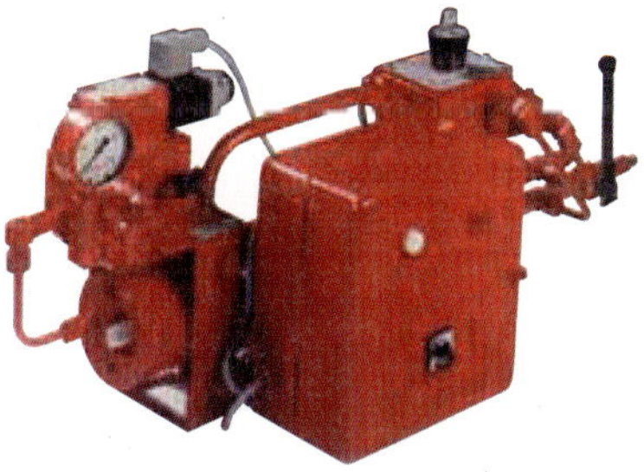

2. N2-T

오일 공급 없이 이동 가능한 질소 충진 유닛 N2 서버. 이 충진유닛은 반드시 가용한 유압시스템과 연결되어야 함(최대 펌프 토출유량 8 liter/min)

3. N2S-V

오일 공급과 이동 가능한 질소 충진 유닛 N2 서버

4. N2S-F(이동형) or N2S-S(고정형)

질소 충진 유닛 N2 서버. 이 질소 충진 유닛은 충진과 테스트 유닛과 함께 완전한 드라이브 유닛을 보유함

> **주의**
> 유압 어큐뮬레이터 또는 유압 어큐뮬레이터 시스템을 충진할 때 적절한 압력 릴리프 밸브를 질소 용기에 연결해야 한다. 그리고 유압어큐뮬레이터가 시스템 충진에 사용되는 질소용기의 압력보다 낮으면 허용 작동초과압력의 가스 충진압력의 요구에 맞춰 조절해야 한다.

5.3 장비 및 안전장치

97/23/EC는 유럽의 압력 장비의 생산 및 판매를 규정하는 지침으로써, 압력장치 또는 압력장치의 조립에 대한 기본적인 안전 요구사항을 규정한다. 유압 어큐뮬레이터 장비와 설치, 운영은 나라별로 다르게 규정된다. 독일 연방 공화국에서는 이것을 "Health and Safety at Work"(BetrSichV) 규정 또는 EN 14359로 규정한다. 어큐뮬레이터의 안전한 설치를 위해 "What to do? People authorized for work on pressure vessels and pipelines"의 설명서에 포함된 사양의 준수를 추천한다.

그림 | "What to do? People authorized for work on pressure vessels and pipelines"

▸ **여기에는 다음과 같은 최소한의 장비가 필요하다:**

- 차단 장치
- 초과압력 방지 장치(개별적인 전문가의 평가를 통하거나 시험을 거친 시제품사용)
- 유압 어큐뮬레이터와 차단 장치 사이에 릴리프 장치
- 허용된 작동 초과압력의 표시와 압력 측정 장치
- 연결 가능한 시험 압력계

압력 및/또는 온도 초과에 대한 안전장치뿐만 아니라 전기적으로 작동되는 릴리프 밸브를 장착할 수 있다. 유공압 어큐뮬레이터의 가스와 액체 측면에서의 안전 장치; 소위 "안전 기능을 가진 장비 부품"는 다음 페이지에서 자세히 설명되어 있다.

주의
어큐뮬레이터에서의 용접과 납땜과 기계적 작업은 무슨 일이 있어도 주의 깊게 수행되어야 한다. 유압 관로에 연결한 후, 압력은 완전히 방출되어야 한다. 유압 어큐뮬레이터 시스템의 작업은(수리, 압력 게이지 연결 등) 압력과 유체가 배출된 후에만 수행되어야 한다.

5.3.1 유체 측 안전보호

유체 측은 적절한 공인 안전밸브를 맞춤으로서 허용 작동 압력을 초과하는 압력으로부터 보호되어야 한다.

5.3.1.1 안전 차단 블록(SAF)

그림 | SAF

유형 :	SAF
정격 치수 :	DN 10, 20, 32, 50
최대 작동 초과 압력 :	400 bar 까지
릴리프/무부하/방출 :	수동 및/또는 전자기적 압력
릴리프 밸브 :	공칭 폭 DN12

이 안전 차단 블록은 소비자 또는 유압어큐뮬레이터의 차단과 릴리프를 위한 유압 보조품목이다. 관련 안정규정을 적절히 충족시킨다.

▸ **디자인**

SAF 안전 차단 블록은 밸브 블록, 내장형 압력 릴리프 밸브, 주 차단 밸브, 그리고 수동 릴리프 밸브로 구성되며, 오일 탱크와 압력게이지 포트가 필요하다. 선택사양으로써, 전자기로 작동되는 방향전환밸브는 비상시에 액추에이터 또는 어큐뮬레이터를 자동적으로 무부하상태로 만들어준다. (예. 전원장애 또는 시스템 다운)

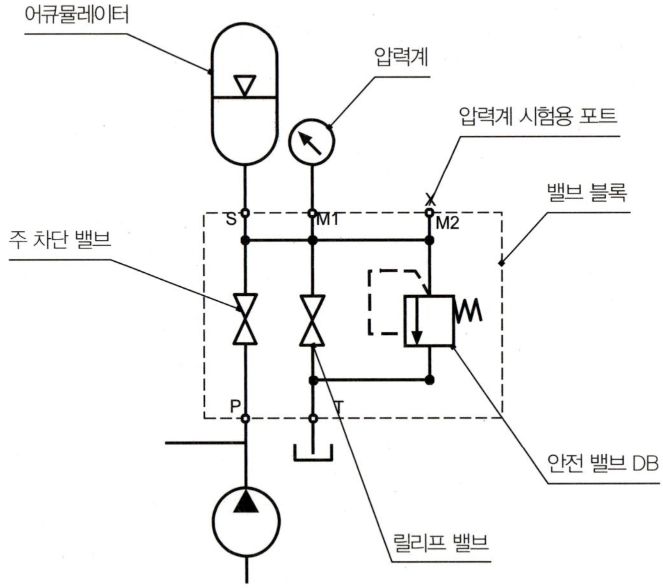

그림 | 안전 차단 블록

▸ 기능

안전 차단 밸브가 작동되는 동안 주 차단 밸브는 열리고 릴리프밸브는 닫힌다. 따라서 어큐뮬레이터는 항상 결정된 오일로 충진되거나 만약 시스템 압력이 감소한다면 유체를 방출한다

▸ 선택 사양의 전기적 배출

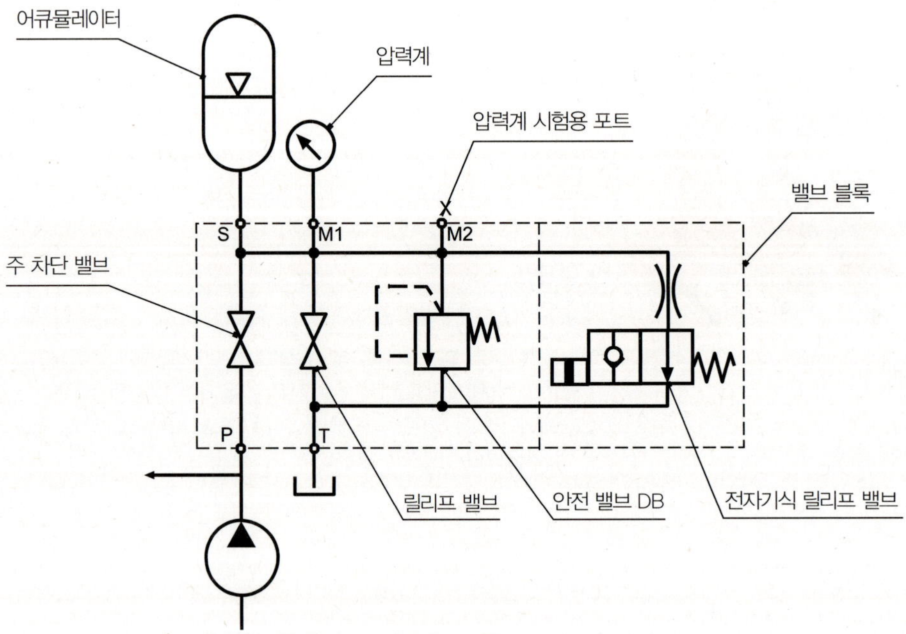

그림 | 전기적 안전 차단 블록

5.3.1.2 DSV 10

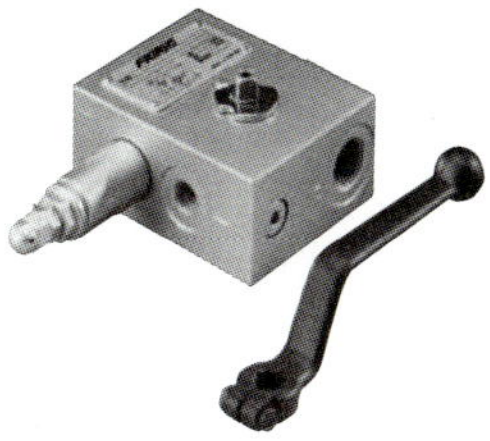

그림 | DSV

유형 : DSV 10 M 4.1/X/….
정격 치수 : DN 10
최대 작동 초과 압력 : 350 bar 까지
압력 릴리프 밸브 : 정격 폭 DN10

3방향 안전 밸브 DSV 10은 유압 어큐뮬레이터의 언로드를 확실하게 한다. SAF 10과 DSV 10의 근본적인 차이는 차단과 릴리프의 성능에 있다.

▸ **디자인**

3방향 안전 밸브는 압력 릴리프밸브가 설치된 밸브 블록과 차단밸브로 구성되며, 펌프, 압력계, 탱크 그리고 어큐뮬레이터를 위한 포트를 보유한다. 선택사양으로써, 전자기적으로 작동하는 2 way 밸브는 어큐뮬레이터 또는 액추에이터를 자동적으로 무부하 상태로 만들어준다.

▸ **기능**

어큐뮬레이터가 작동하는 동안 볼 밸브는 어큐뮬레이터와 펌프포트를 연결한다. 압력 릴리프 밸브는 지속적으로 어큐뮬레이터의 상태를 확인한다. 볼 밸브가 닫히면 펌프 입구부의 연결이 차단되어 누유를 막고, 동시에 어큐뮬레이터는 탱크로 방출됩니다. 전자기적으로 작동되는 2/2 포펫 밸브는 전원 고장이나 시스템 다운 시 자동적으로 무부하 상태로 만들어 준다.

주의
볼 밸브는 니들 밸브처럼 사용되도록 설계되지 않았다. 그러므로 볼밸브는 씰링컵이 손상되지 않도록 항상 완전히 개폐해야만 한다. 압력과 온도에 관한 제조사의 적절한 작동 권고는 지켜져야만 한다.

5.3.1.3 로직 밸브를 가진 특수 디자인

그림 | 로직 밸브를 가진 특수 디자인

유형 : 특수 품목
정격 치수 : DN 160 까지

HYDAC 시스템은 또한 다른 SAF를 공칭 폭 DN 160까지 제공하며, 특수한 어큐뮬레이터 스테이션을 위해 주문 제작된다.

5.3.2 가스 측 안전보호

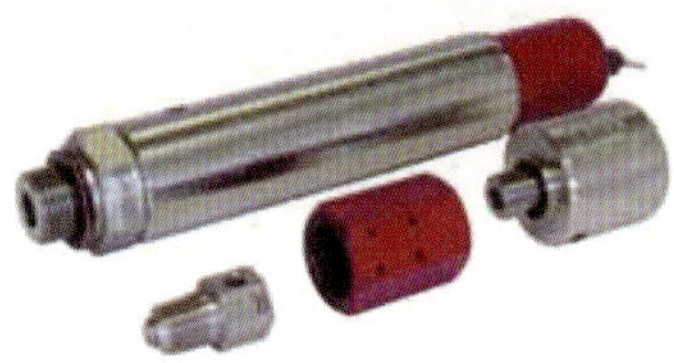

그림 | 안전 장비

가스 측 이상 압력 초과는 특히 화재와 같은 대기 온도의 상승 때문에 일어나며, 언로딩 또는 압력 강하 제어로써 보호해야 한다.

▸ **HYDAC은 세가지 다른 표준화 된 방법을 제공한다 :**

- 온도 퓨즈
- 파열 판
- 가스 안전 밸브

5.3.2.1 화재 보호

▸ **압력과 제한온도 초과시의 완전한 언로딩에 의한 보호**

"안전 기능을 갖는 기기"로써 온도 퓨즈는 450 bar 까지의 허용 작동 압력과 40° to +80°C 까지의 허용 온도 범위를 갖는다. 용해 온도 범위는 약 160°C에서 180°C(설계에 따라)이다. 그리고 화재와 같이 한계 온도 초과 시 질소는 완전히 방출되어 가스 압력은 제거된다.

기술 데이터	 기존 시험의 온도 퓨즈	 새로운 온도 퓨즈 GMP6
사용 작동 압력	≤ 450 bar	50 … 350 bar
적용 범위	−10°C … +80°C	−40°C … +80°C
용해점 온도	+160°C … +170°C	+160°C … +180°C
어큐뮬레이터 연결	7/8−14UNF	G1/4−ISO228
재질	카본 강, 스테인리스 강	스테인리스 강

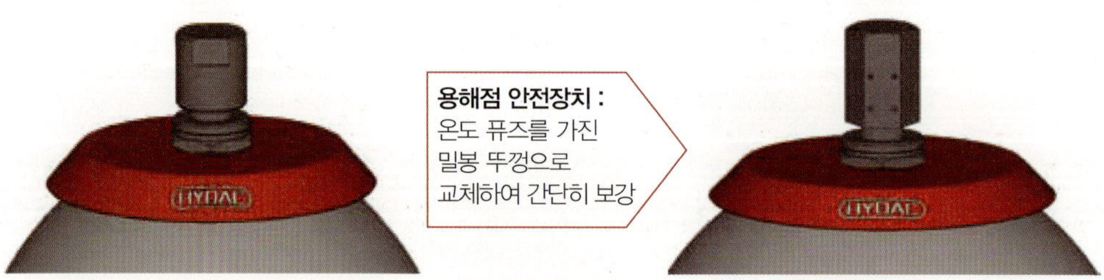

그림 | 용해점 안전 장치

그림 | CE 마크를 가진 온도 퓨즈 GMP6

5.3.2.2 파열 판

▸ 압력 한계 초과시 완전한 압력제거로 보호

파열 판은 또 다른 응답 압력을 위해 설계되고 성능 부합하도록 공급된다. 만약 압력 한계를 초과하면 압력 판이 파괴되어 질소를 모두 방출함으로서 가스 압력을 제거한다. 파열 판은 완전한 스테인레스 스틸 또는 스테인레스 스틸과 니켈의 합금으로 제작된다.

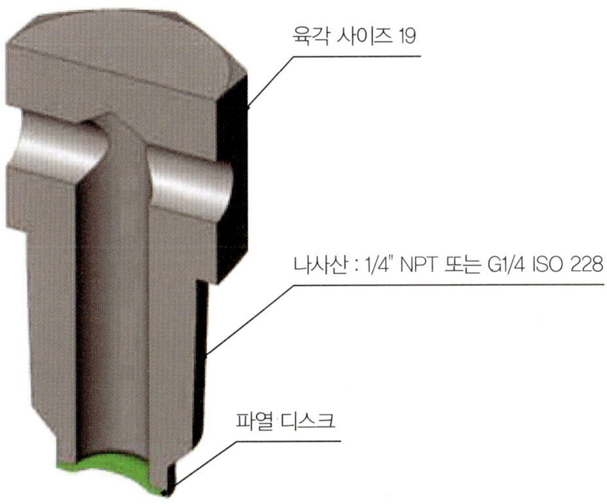

그림 | 파열 디스크

5.3.2.3 가스 안전 밸브

▸ 압력한계를 초과하면 압력 제어에 의한 보호

가스 안전 밸브 GSV6는 직접 구동되며, 30에서 370 bar 까지의 압력과 −20℃에서 +80℃ 까지의 온도로 세팅된 스프링 부하식 안전 밸브이다. 밸브의 모든 부품은 스테인레스 스틸로 만들어지고 밸브는 다양하게 사용될 수 있다. GSV6는 또한 성능에 부합하도록 공급된다. 자동 와셔 덕분에 결합하기 매우 쉬우며 안전하다.

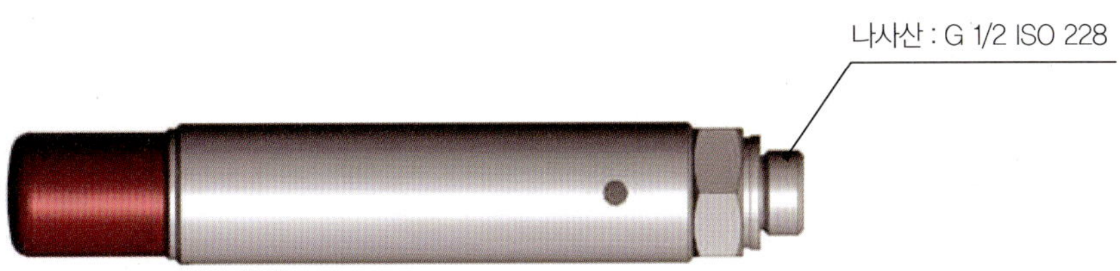

그림 | 가스 안전 밸브

5.3.2.4 가스 안전 블록

▸ 디자인

가스 안전 블록 GSB450은 황동(요청 시 다른 재료로) 재질의 통기구, 차단 밸브와 포트를 통합한 블록으로 구성된다:

- 가스 안전 밸브(GSV6)
- 가스 충진 밸브(예: Minimess)
- 압력계
- 압력 센서 또는 압력 스위치
- 파열 디스크
- 용해점 안전장치

가스 안전 밸브의 연결은 체크 밸브로써 설계되어 있다. 따라서, 시스템이 가압되어도 밸브를 교환할 수 있다.

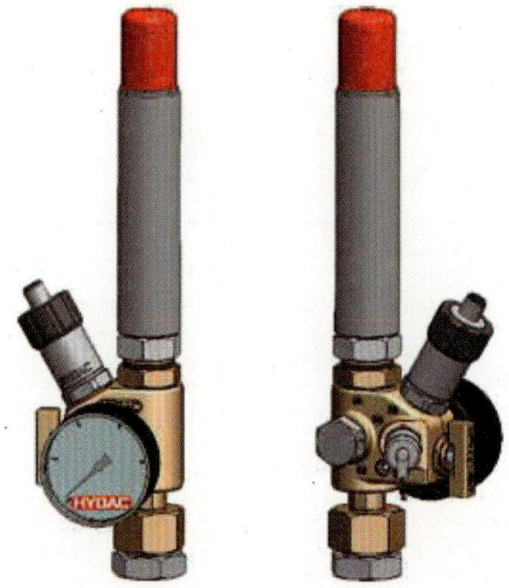

그림 | 가스 안전 블록

▸ 기능

GSB(450)은 가스 측 유압어큐뮬레이터에 장착되어 다양한 압력장비, 충진 장비, 안전 밸브와 다른 안전 부품을 장착할 수 있는 어댑터 블록이다.

▸ 장점

- 소형 디자인
- 다양한 연결 옵션
- 다양한 단위 측정이 가능(bar, MPa, 아날로그)
- 고객의 요구 사항에 따른 압력 표시
- 어큐뮬레이터는 FPU 1를 사용하지 않고, 직접적으로 테스트 커플링을 통해 질소를 충진할 수 있음
- 충진 압력은 FPU 1를 사용하지 않고도 확인 가능함

▸ 기술 데이터

사용유체 :	질소(N_2)	
허용 작동 온도 :	–20 to +80℃(다른 선택은 주문 사양)	
최대 작동 압력 :	400 bar	
치수(기본 디자인) :	최대 높이 :	약 120 mm
	최대 폭 :	약 86 mm
	깊이 :	약 125 mm

Notes

6 유압 어큐뮬레이터에 대한 적용 사례

Introduction to Accumulator Technology

6.1 에너지 저장

저장된 유압 에너지는 다음과 같은 목적으로 사용할 수 있다: 예비 펌프(비상 작동 기능–펌프 지원)와 누설 보상

그림 | 에너지 저장

6.1.1 사출 성형 기계의 에너지 저장

정지 기간 저장된 유압 에너지는 행정 중 최대 유량 필요 때 펌프를 지원하여 성능 향상에 사용될 수 있다. 설계를 잘 하면 소요 전기 에너지를 반으로 줄일 수 있다.

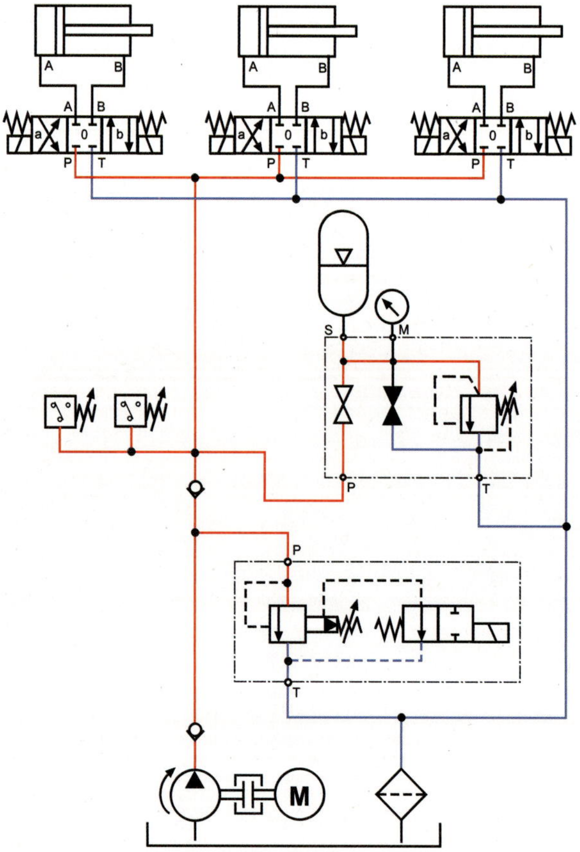

6.1.2 에너지의 저장과 행정 시간의 감소

유압에너지는 정지 기간 동안 절약, 저장되어 펌프를 지원하거나 행정 시간의 감소에 사용될 수 있다.

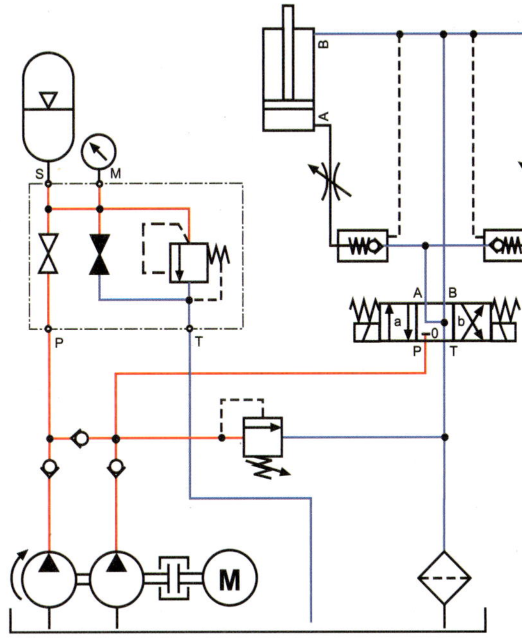

6.1.3 유압 실린더의 비상 작동을 위한 에너지 저장

비상상황 시(즉 전기 동력 차단 시), 유압어큐뮬레이터는 실린더를 끝 위치로 자동적으로 비상작동시킨다.

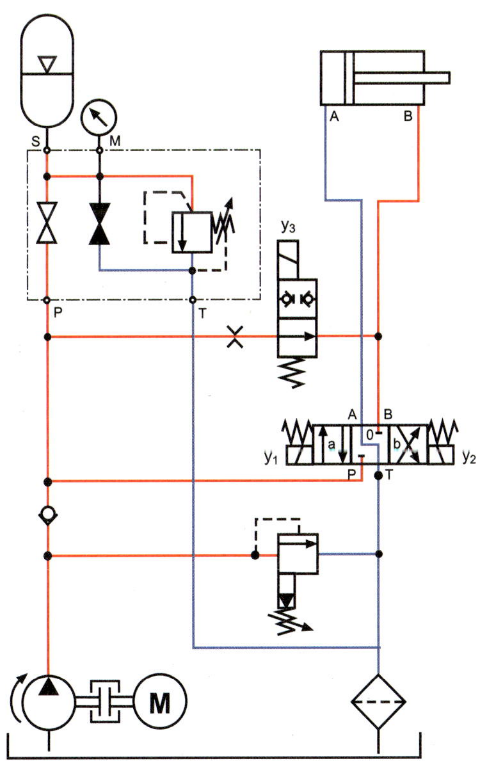

6.2 체적보상

온도 상승으로 유체의 체적이 증가할 때, 남는 체적을 유압 어큐뮬레이터가 보상한다.

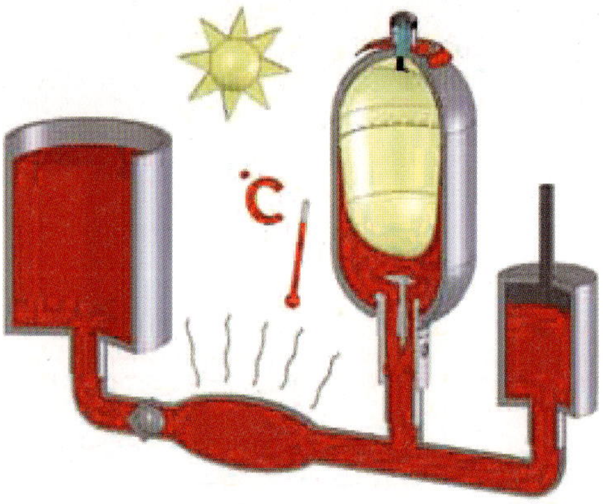

그림 | 체적 보상

6.2.1 누유 보상을 위한 체적 보상

어큐뮬레이터는 펌프 작동으로 특정 압력 수준까지 충진된다. 펌프 정지하면, 이제 어큐뮬레이터는 최소 압력 수준에 도달하고 펌프가 다시 활성화될 때까지 누유로 인한 체적 손실을 보상하는 역할을 수행하다.

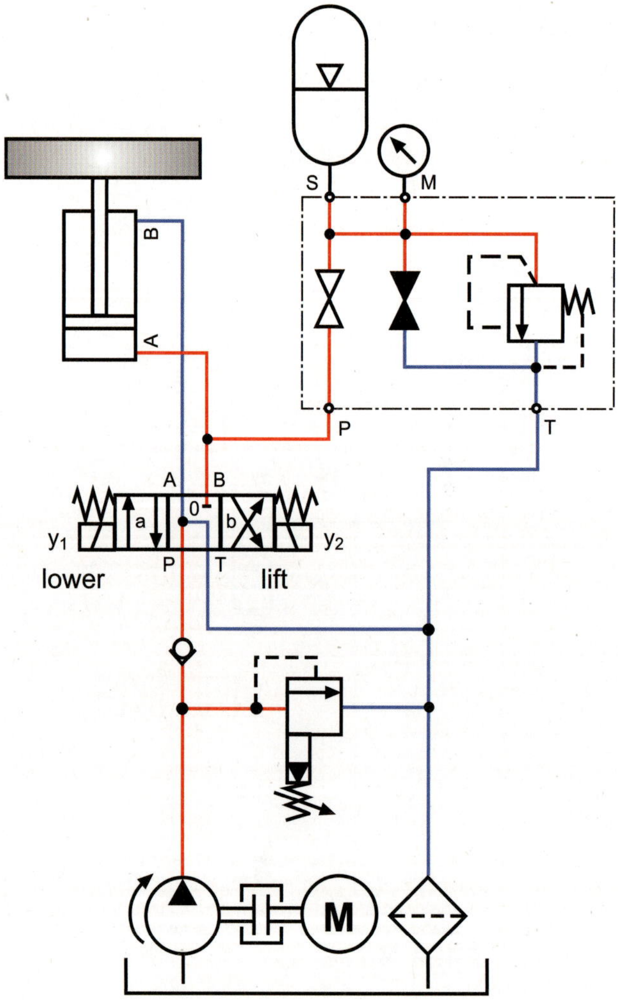

6.3 맥동 댐핑

압력 맥동은 어큐뮬레이터 내부의 가스가 압축됨으로서 흡수된다(흡입 유동 안정화, 소음과 진동의 감소).

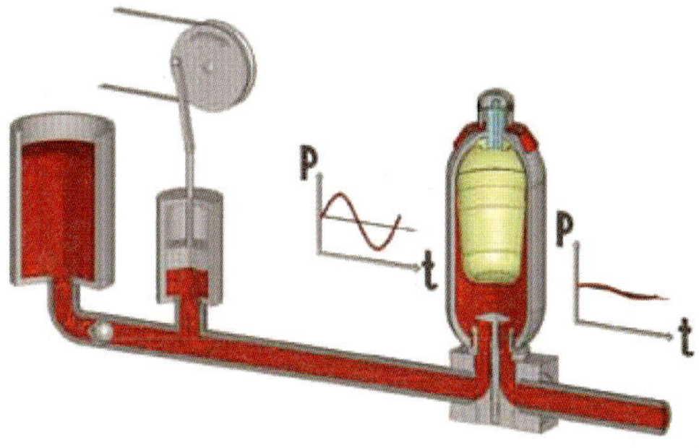

그림 | 맥동 댐핑

6.3.1 용적형 펌프의 맥동 댐핑

용적형 펌프의 고르지 못한 유량으로 인해 발생하는 유체의 맥동은 맥동 댐퍼로써 줄일 수 있다.

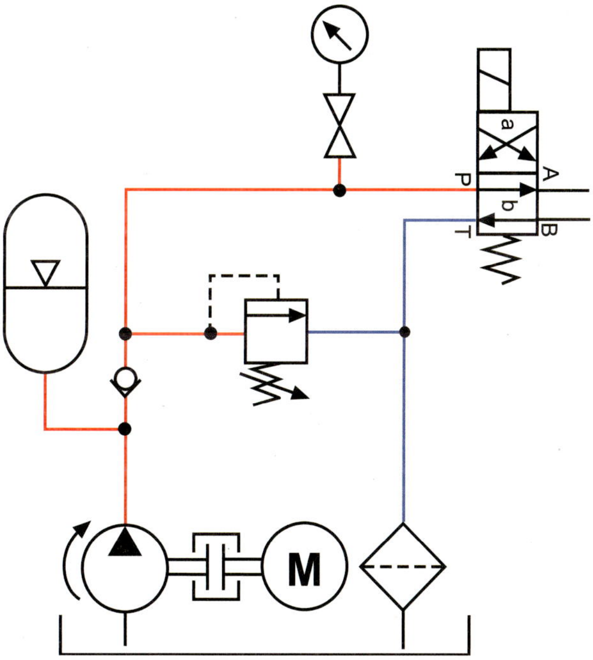

6.4 압력 서지 감쇠

예를 들어, 급속 방출 밸브에 의한 초래되는 압력 서지는 어큐뮬레이터의 압축 가스에 의해 감쇠된다.

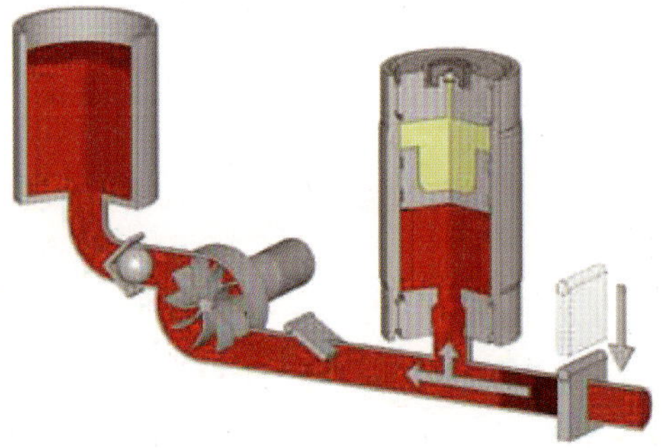

그림 | 고정시스템

그림 | 이동식 시스템

6.4.1 이동식 유닛의 압력 서지 감쇠

어큐뮬레이터는 내부 가스의 압축성으로 인해 스프링처럼 작동한다. 스프링 경도는 조절 메커니즘을 사용하여 조절 가능하다. 스프링과 같이 유압 어큐뮬레이터를 사용한다.

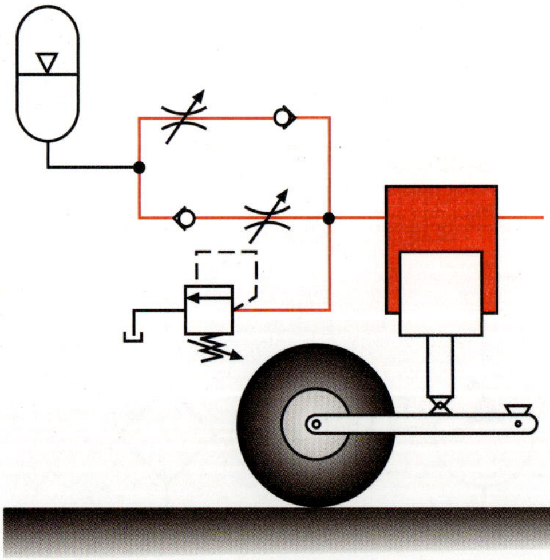

그림 | 압력 충격 감쇠

6.5 유체의 분리

유체 분리기는 유연한 분리부재(예를 들어 다이어프램)를 사용하여 2개의 서로 다른 가압 유체를 분리한다.

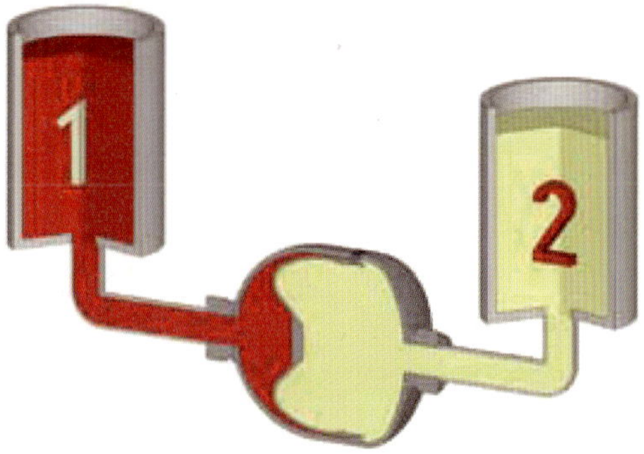

그림 | 유체의 분리

6.6 유체 기반의 소음기

유체 소음기는 간섭 관로(저항)와 확장 탱크(용량)의 원리에 기초한다. 탱크 내부에 진동이 반영됨으로써, 대부분의 진동은 넓은 주파수 영역에서 감쇠된다.

▸ 효과

압력 맥동과 소음의 감소

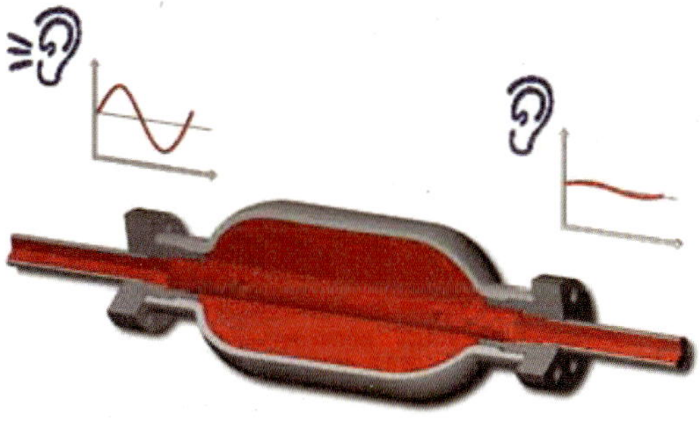

그림 | 유체 기반 소음기

7 유압 어큐뮬레이터에 대한 적용 예시

Introduction to Accumulator Technology

7.1 해양석유개발 기술

HYDAC은 해양석유개발 산업을 위해 특별히 설계된 유압 어큐뮬레이터를 제공한다. 어큐뮬레이터는 적용 분야에 따라 극한적인 요구사항에 부합도록 맞춰진다. 표면은 특수 처리된 스테인리스 강의 가스 밸브는 소금물에 적합하다.

최대 초과 압력은 1035 bar까지 이른다.

▸ 아래의 부품을 적용 :

- 블래더, 피스톤과 다이어램프 어큐뮬레이터, 압력 서지 댐퍼
- 블래더, 피스톤 어큐뮬레이터 또는 순차적으로 장착된 질소용기의 어큐뮬레이터 스테이션

▸ 특별한 사용처 :

- 화학 유체 분사 펌프의 맥동 댐퍼
- 급속 차단 공정과 분리
- 에너지 저장

▸ 적용 :

- 일반적인 유압
- 파이프 관로의 밸브 닫음
- 블로-오프 방지 시스템(BOP)
- 유정 제어 시스템
- 비상 차단 시스템
- 계량 시스템의 감쇠
- 해저 제어 모듈(Subsea Control Modules)의 압력 보상

그림 | 심해 장대-램 피스톤 어큐뮬레이터(Menk)

그림 | 특수 코팅(Rotork 유체 시스템)한 블래더 어큐뮬레이터에 의한 밸브 작동 – 위쪽 시스템

7.2 시스템 엔지니어링

다음과 같은 적용분야는 시스템 구축에 특히 중요하다: 에너지 축적(펌프 지원, 에너지 절약), 압력유지(클램핑 유압기계), 비상정지 기능(에너지 저장 제공), 체적보상(온도 변화 후의 유체의 체적 보상) 그리고 질량의 보상(유압 실린더의 수준 조정).

모든 어큐뮬레이터의 구축 유형은 다음의 목적으로 사용.

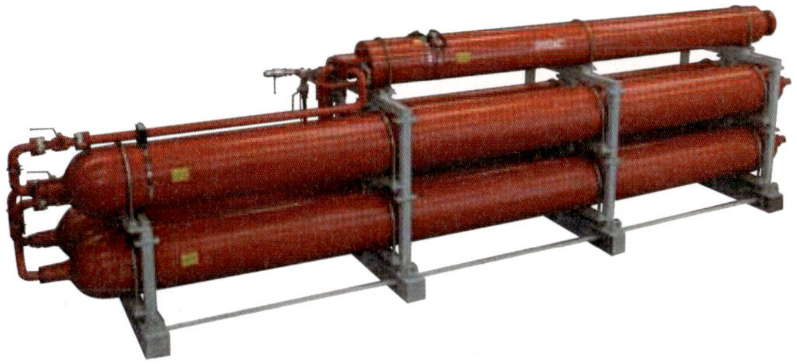

그림 | 에너지 저장을 위한 피스톤 어큐뮬레이터 스테이션

7.3 이동식유압장치

HYDAC 어큐뮬레이터는 유압시스템의 에너지 저장소, 진동의 감쇠, 저중량과 작은 크기가 요구되는 모든 곳에 사용된다. 다이어프램 어큐뮬레이터, 피스톤 어큐 뮬레이터 또는 스프링 어큐뮬레이터는 특히 빈번하게 사용된다.

그림 | 다양한 농업기술에 적용

그림 | 큰 여객선의 디젤엔진에 사용

7.4 기타 분야

HYDAC은 매우 다양한 소재와 넓은 범위의 어큐뮬레이터를 제공한다. 많은 탄성중합체 또는 테프론과 같은 플라스틱과 내식강이 생산 가능하다.

8 유공압 어큐뮬레이터의 선정

Introduction to Accumulator Technology

8.1 선택 기준

적용 분야에 따라, 유공압 어큐뮬레이터에 대한 요구조건은 매우 다를 수 있다. 유압 어큐뮬레이터의 설계에 관한 주요 기준은 유효 체적과 압력에너지에 대한 요구조건이다. 물론, 이외의 다른 요구조건 – 단 하나의 유압 장치의 요구조건도 고려되어야 한다. 예를 들어, 이동식 기술의 적용 시 단위질량 대 에너지 함량의 비는 최대가 되어야 한다. 어큐뮬레이터의 크기를 결정할 때, 씰링과 분리기를 위한 탄성 중합체의 품질과 같이, 보다 세부적인 사양을 디자인에 반영해야 한다.

▸ 기본 조건 :

- 설계 압력 p_{max}과 p_{min} [bar]
- 설계 온도 T_{max}과 T_{min} [°C]
- 함유량/유효체적 = 유체 변위 체적 ΔV [l]
- 방출/충진 속도 Q [l/min]
- 유체
- 인증 지침
- 장착 옵션

▸ 작동 유체로 인한 응력 :

- 블래더 및 밀봉 재료로부터
- 화학 유체에 대한 노출로 인해
- 온도로 인한 응력
- 유체의 연마성
- 오염의 정도
- 철 부품의 부식

▸ 특수한 적용 :

- 극단적 추출 속도
- 맥동 댐퍼의 잔류 맥동
- 연결 부분 흐름 동안의 교축 손실
- 질소 용기의 추가 설치
- 흡입 유량 안정화
- 충격 흡수

▸ 어큐뮬레이터 유형 :

- 작동 모드
- 압력 비
- 내부 마찰, 손실
- 유입과 유출 시 교축저항으로 인한 손실
- 설치 공간, 장착 위치

▸ 어큐뮬레이터 유형 :

- 대기 온도
- 진동, 동적 응력(외력 때문)
- 주위 환경(화학적 자극)

8.2 작동 매개변수의 정의

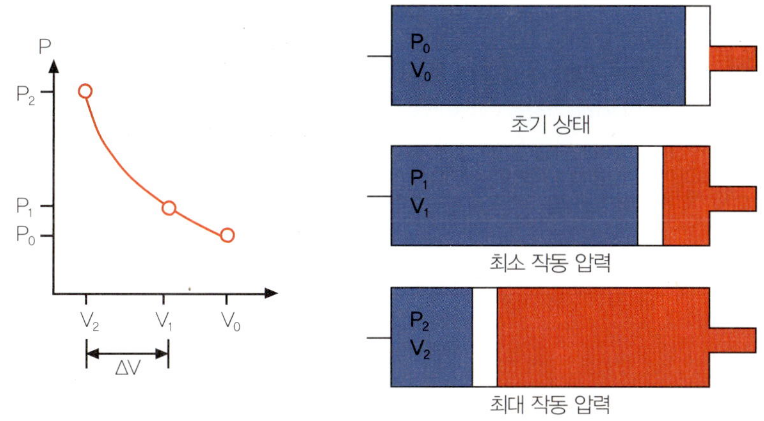

그림 | 피스톤 어큐뮬레이터의 현 작동 상태의 도식도(관련 매개변수 포함)

유공압 어큐뮬레이터에 필요한 작동 매개변수는 피스톤 어큐뮬레이터의 도식적인 삽화로 나타낼 수 있다. 이것은 다른 유공압 어큐뮬레이터 설계에도 유용하다. 가스의 실제 상태를 묘사하는 매개변수는 압력, 온도, 부피이다

▸ 어큐뮬레이터가 작동하는 동안 각각의 실제 상황들에서 다음의 매개변수들이 정의된다 :

압력 :

p_0	유체 챔버의 가압이 없는 가스챔버의 선-충진 압력
p_1	유닛의 최소 작동 압력
p_2	유압 시스템의 최대 작동 압력
p_0/p_2	작동조건의 한계, 허용 압력비

부피 :

V_0	선-충진 압력 수준에서의 유효 가스 체적
V_1	최소 압력에서의 가스 체적
V_2	최대 작동 압력에서의 가스 체적
V	유효 체적

온도 :

T_i	가스의 온도는 각 조건에 따른다(i = 0, 1, 2). 유압유의 온도는 압축된 가스와 열 교환에 영향을 준다. 그러므로 이 매개변수는 어큐뮬레이터의 치수 선정에 간접적으로 요구된다.

우리는 가스를 에너지 전달을 위해 사용하기 때문에, 유압 어큐뮬레이터의 충진과 방출 과정은 열역학 법칙에 기반한다. 가스의 압력과 부피 사이에는 물리적 연관성이 있다. 이는 17세기에 영국인 Boyle에 의해 밝혀졌다. 후에 그의 발견은 프랑스인 Mariotte에 의해 확인되었다.

온도가 일정하게 유지된다면, 둘러싸인 가스의 체적과 부피의 곱은 일정하다.

$$p_1 \cdot V_1 = p_2 \cdot V_2 \text{ or } p \cdot V = \text{일정}$$

압력, 부피, 온도 3개의 매개변수 중, 하나는 일정하게 유지되고 남은 두 개가 다양하게 변하여 열역학 법칙으로 유도된다.

8.3 용어의 정의

8.3.1 등압 과정

압력을 일정하게 유지할 때, 상태 변화는 등압과정이라고 불린다. 압력을 유지한 채 열을 가하면 체적이 증가한다.

▸ **예 :**

- 변압기 조절 탱크(보상 어큐뮬레이터)

8.3.2 등체적 과정

체적을 일정하게 유지할 때, 상태변화는 등체적으로 불린다. 온도가 바뀌면 압력이 변화한다.

$$\frac{p}{T} = \frac{p_1}{T_1} = \text{일정}$$

▸ **예 :**

- 어큐뮬레이터의 질소 충진
- 가스 압축하여 온도 상승(압력 어큐뮬레이터의 따스함)
- 여러가지 가스 온도에서의 가스 압력 측정

8.3.3 등온 과정

온도를 일정하게 유지한 상태의 변화를 등온이라고 한다. 압력과 부피의 곱은 일정하다. 압력이 변하면 체적도 변한다. 이것은 매우 천천히 발생한다. 따라서 외부에 열 보상이 가능하다.

$$p \cdot V = p_1 \cdot V_1 = \text{일정}$$

▸ **적용**

- 누유 보상
- 체적 보상

▸ **예 :**

- 실린더 피스톤에 의한 압력 증가 = 자전거 타이어 공기주입기(공기 펌프)

8.3.4 단열 과정

환경과 가스체적이 변하는 동안 열의 보상 없는 경우의 상태 변화를 단열이라고 부른다. 최고의 단열재일지라도 약간의 열은 항상 빠져나간다. 그러나 밀도상승이 매우 빨리 발생 한다면, 열 교환을 위한 시간이 없어 치밀화 과정 동안 발생된 열은 가스 속에 남게 된다. 상태의 단열 변화를 엔트로피(빠른 변화)라고 한다. 반대로 언로딩(방출) 과정 동안의 냉기는 항상 생성된다.

$$p \cdot V^K = p_1 \cdot V_1^K = \text{일정}$$

$$T \cdot V^{K-1} = T_1 \cdot V_1^{K-1}$$

$$T \cdot p^{(1-K)/K} = T_1 \cdot p_1^{(1-K)/K}$$

K = 단열 지수(지수)
질소와 같은 2원자 가스 = 1.4, 압력과 온도에 의존

압력, 온도, 부피는 항상 단열 과정에서 동시에 변한다. 이와 같은 상태 변화가 유압 어큐뮬레이터의 주요 기능 원리이며 목적 – 에너지 저장이다. 비상 및 안전 기능에서 에너지 저장은 등온 변화 상태와 관련하여 발생한다. 이 과정 동안 충진은 항상 등온이며 언로딩(방출)은 단열이다.

▸ **적용**

- 캐터펄트(catapult)(슬링쇼트 sling-shot)

8.3.5 폴리트로픽

등온과 단열 상태변화는 이상적인 "Border–line"의 경우인데, 엄밀히 따지면 이러한 순수 형태로 실현될 수 없다. 가스의 작동 온도를 일정하게 유지하는 것도, 온기의 유입 또는 유출을 막는 것도 가능하지 않다. 등온과정도 단열과정도 아닌 상태의 변화를 폴리트로픽이라 한다.

▸ 가스의 이상적인 성질:

$$V_N \cdot \Delta V = V_1 \cdot V_2$$

- 가용한 체적

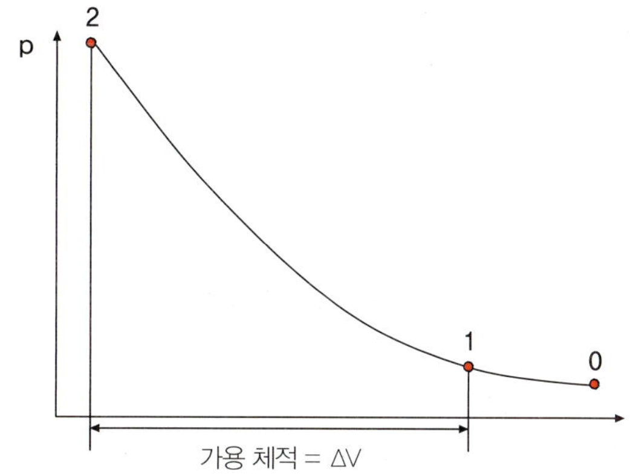

▸ 실제 가스

특히 저온과 고온에서, 실제 가스의 성질은 Boyle과 Mariotte의 법칙에서 벗어난다. 예를 들어 압력이 증가하면, 부피는 물리법칙 p•V = constant로 예측되는 것보다 대폭적으로 감소한다. 분자간 상호 인력(응집력)이 두드러진다. 더 나아가, 입자는 이상기체처럼 점 모양으로 간주할 수 없다. 가스 체적은 분자가 요구하는 실제 공간을 반영하여 줄어들어야 한다

8.4 기본적인 물리 방정식 계산

열역학적 측면에서 유압 어큐뮬레이터의 가스의 변화는 동질의 닫힌 시스템의 대응 변수들로 풀이할 수 있다. 보편 타당성의 제한 없이, 기본 물리 방정식으로 피스톤 어큐뮬레이터는 설명된다(피스톤과 실린더 내부면 간의 마찰은 무시함). 어큐뮬레이터의 내부 또는 외부로의 유입과 유출은 가스 충진 조건의 변화와 직접적으로 연관된다. 한편으로는 유압작동유 때문에 가스와 일이 교환되며, 다른 한편으로는 주위의 온도와 가스의 온도가 다를 때의 주위 환경과 가스의 열 교환이 있다. 여기에서 액추에이터 몸체와 유압유체와 같은 주변 환경은 독립 요소이다.

피스톤을 정의할 수 없는 작은 경로 길이 d_s만큼 움직일 때, 체적변화 d_v가 발생한다

$$dW_v = -p \cdot A \cdot d_s = -p \cdot dv \qquad (1)$$

체적이 변함에 따라 가스의 상태 변화 발생한다.

▸ 방정식 1 :

첫째로, 다음과 같이 정의된다 : 접두사(+) = 일의 입력 / 접두사(–) = 일의 출력. 따라서 밀도 상승(체밀화) 동안 ($d_v<0$), 체적변화의 일은 양수이다.
가스가 이상기체라고 가정하고, 압력과 온도와 부피의 관계는 상태방정식으로 묘사될 수 있다.

$$p \cdot V = m \cdot R \cdot T \qquad (2)$$

R은 가스의 종류에 의해 결정되는 유일한 상수이다. 이것은 질소(N_2)에 대해 명시할 수 있다.

$$R = 297J/kgK$$

가스의 상태변화와 관련하여 어큐뮬레이터 내부의 각 프로세스에 대한 지식은 매우 중요하다.

이에 다음과 같은 상태와 변화가 주어질 수 있다:

a) 저온에서의 가스 챔버의 재충진과 주변환경과의 열교환으로 인해 이어지는 선-충진 압력의 변화
b) 유압유가 주변환경과 오래도록 충분히 열 교환하는 어큐뮬레이터의 충진 또는 방출 싸이클
c) 어큐뮬레이터의 충진 및 방전 사이클은 너무 빨라서 주변과 전체 열 교환이 불가능하다.
a)에서 설명한 바와 같이 상태의 변화 동안 체적의 변화에 대한 어떠한 일도 입력되지 않는다. 이것은 체적 변화 없음을 뜻한다.

$$p \cdot T = p_1 \cdot T_1 = \text{일정} \qquad (3)$$

b)에서 설명한 바와 같은 상태의 변화는 등온으로 불리며, 온도의 변화 없이 완전한 열교환의 가정하에 발생한다.

상태 변수 사이의 수학적 관계는 등온 변화의 열 상태 방정식으로부터 도출될 수 있다:

$$p \cdot V = p_1 \cdot V_1 = \text{일정} \qquad (4)$$

c)에서 설명한 바와 같은 상태의 변화는 단열이라고 불린다. 여기서 유압유와 가스 사이의 일의 교환(보상)이 있다.

따라서 상관 관계는:

$$p \cdot V^K = p_1 \cdot V_1^K = \text{일정} \qquad (5)$$

온도, 압력과 부피 사이의 상호의존성은 열 상태 방정식으로부터 유도된다.

$$T \cdot V^{K-1} = T_1 \cdot V_1^{K-1} \qquad (6)$$

그리고

$$T \cdot p^{(1-K)/K} = T_1 \cdot p_1^{(1-K)/K} \qquad (7)$$

이 방정식에서는 k는 1.4 정상상태(그림)의 질소와 같은 두 원자 가스에 사용될 수 있는 단열 지수를 나타낸다.

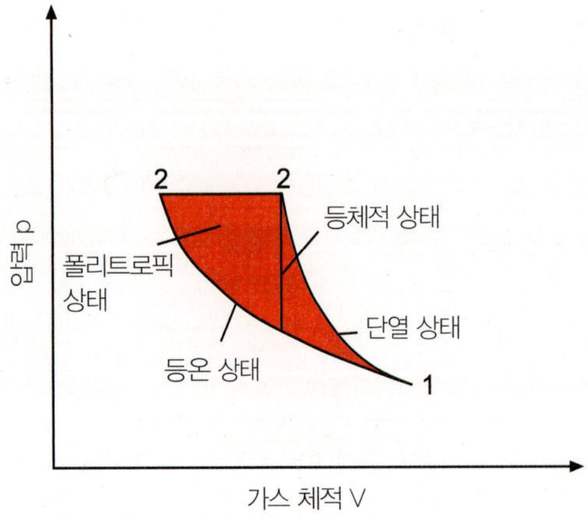

p-V 그래프에서 상태 변화

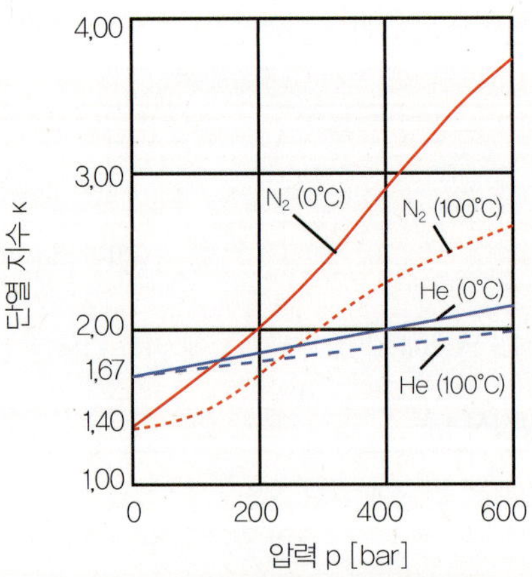

0°C와 100°C에서 압력에 따른
질소와 헬름의 단열지수

어큐뮬레이터는 결코 교환 없이 이론적으로 작동되지 않으므로 등온 및 단열 사이 어딘가의 상태 변화를 얻게 된다. 이런 상태 변화의 유형은 폴리트로픽으로 불린다. 수학적 상관 관계는 단열 지수가 폴리프로픽 지수에 의해 대체됨으로써 단열 상태 변화와 유사하게 유효하다. 그림 (pV 그래프) 에서 상태의 개별 변화가 표시되어 있다. 여기서 상태의 등온과 단열 변화는 폴리트로픽 변화의 "경계선" 상황에 있음을 볼 수 있다. 유압어큐뮬레이터에 치수 선정에 필요한 식은 충진과 방출 과정에 필요한 시간에 달려있다.

▸ 경험상의 규칙에 의하면 :

사이클 시간 < 1분	→	상태의 단열 변화
사이클 시간 > 3분	→	상태의 등온 변화
1분과 3분 사이의 사이클 시간	→	폴리트로픽 변화

실제 상태 변화에 대해 보다 정확히 접근하려면 열시간(The thermal time) 상수에 대한 추가 정보가 필요하다.

그러므로 HYDAC 소프트웨어(ASP)의 전적인 사용과, 의심스럽다면, 단열 계산과정의 실시가 강력히 추천된다. 설계목적을 위하여 요구 매개변수들을 계산할 수 있도록 방정식을 변경하여 주는 것은 큰 장점이 있다. 이는 주로 적합한 압력 비와 선-충진 압력 P_0에 따르는 유효가스체적(V_0)을 나타낸다. 다음의 표는 어큐뮬레이터 설계 관련 방정식을 보여준다.

더 나아가 어큐뮬레이터 설계 경험을 통해 반드시 고려되어야 하는 특정 경험 치들도 주어진다. 그것들은 어큐뮬레이터의 긴 수명과 어큐뮬레이터 체적의 최적 활용을 확인하게 한다. 표는 또한 개별적인 어큐뮬레이터의 설계를 위한 경험 치들을 보여준다. 만약 질소 용기의 순차적인 디자인을 개발하고 싶다면, 어큐뮬레이터의 유효 체적 또한 반드시 고려하여야 한다. 이를 위해 주입압력의 등온 충진 시작부터 최대 작동 압력까지 추정한다.

▸ 확장된 유효체적 V'는 다음과 같이 계산 :

$$V' = V_{0G}\,(1 - P_0 / P_2) \qquad (8)$$

블래더 어큐뮬레이터의 복원 동안, $V' = 0.75 \cdot V_{0G}$는 결코 초과되어선 안된다. 그렇지 않으면 블래더는 매우 심하게 떨어져나갈 것이다.
V_{0G}는 완벽한 유효체적(어큐뮬레이터와 질소용기)을 의미한다. 어떤 경우에도 확장된 유효 체적 V'는 반드시 어큐뮬레이터의 유효 가스 체적보다 작아야 한다. 이러한 조건들이 만족될 때까지 가스 체적은 바꿔져야 할 것이다.

싸이클(상태의 변화)	식	설명
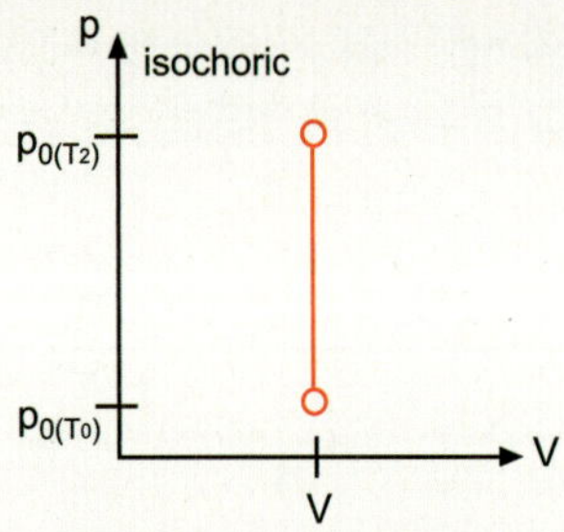	$p_{0(T_0)} = p_{0(T_2)} \cdot \frac{T_0}{T_2}$	$p_{0(T0)}$ = **선–충진** 압력에서 주입 온도 T_0(절대온도 K) $p_{0(T2)}$ = 최대 **선–충진** 압력에서 작동 온도 T_2(절대온도 K) **적용:** 최대 작동 온도(T_2)와 충진온도(T_0) 사이의 편차에서의 **선–충진** 압력의 계산
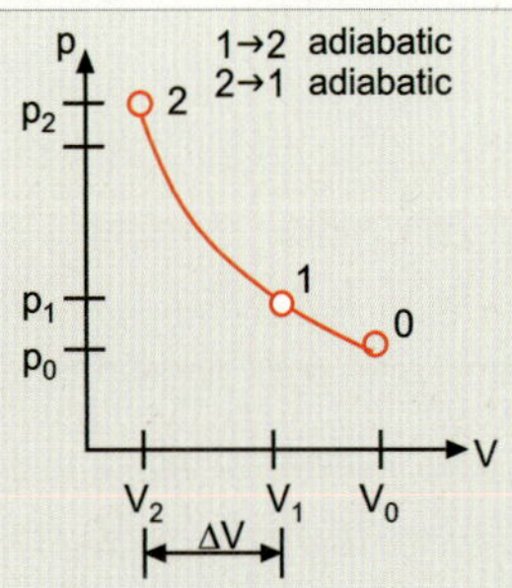	$\Delta V = V_0\left[\left(\frac{p_0}{p_1}\right)^{\frac{1}{n}} - \left(\frac{p_0}{p_2}\right)^{\frac{1}{n}}\right]$ $V_0 = \frac{\Delta V}{\left(\frac{p_0}{p_1}\right)^{\frac{1}{n}} - \left(\frac{p_0}{p_2}\right)^{\frac{1}{n}}}$	n = κ = 1.4 질소는 온도와 압력에 의존 (단열 지수 참고) **적용:** 에너지 저장
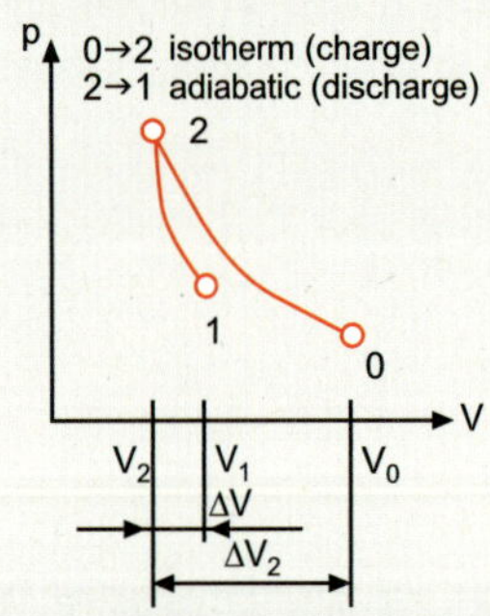	$\Delta V_2 = V_0 \frac{p_0}{p_2}\left[\left(\frac{p_2}{p_1}\right)^{n} - 1\right]$ $V_0 = \frac{\Delta V \cdot \frac{p_2}{p_0}}{\left(\frac{p_2}{p_1}\right)^{\frac{1}{n}} - 1}$	**적용:** 비상 기능, 안전 기능
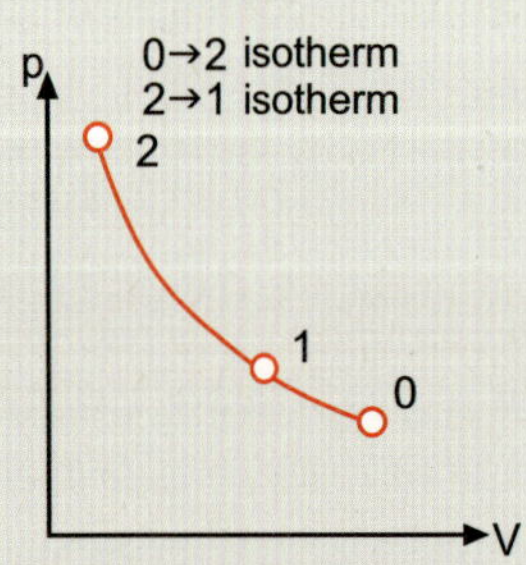	$\Delta V = V_0\left(\frac{p_0}{p_1} - \frac{p_0}{p_2}\right)$ $V_0 = \frac{\Delta V}{\frac{p_0}{p_1} - \frac{p_0}{p_2}}$	**적용:** 누유의 보상, 체적의 보상
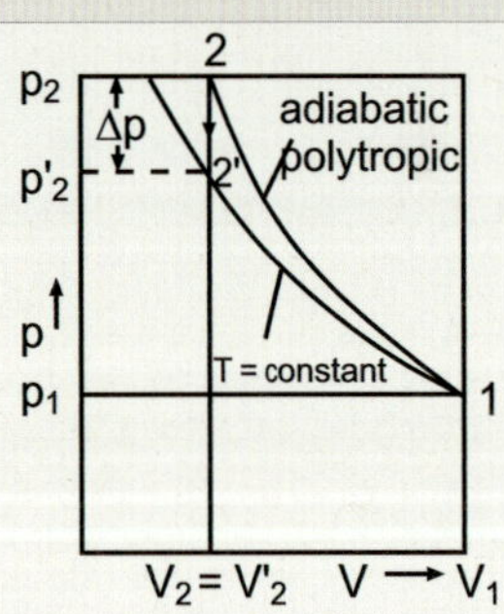	$W = \frac{p_1 \cdot V_1}{1-n}\left[1 - \left(\frac{p_1}{p_2}\right)^{\left(\frac{1-n}{n}\right)}\right]$ $\Delta p = p_2\left[1 - \left(\frac{p_1}{p_2}\right)^{\left(\frac{1-n}{n}\right)}\right]$	단열 압축 동안의 일, 다음 공식으로 계산됨

8.5 선-충진 압력의 선정

선-충진 압력의 선정은 어큐뮬레이터 용량을 정의한다.

▸ **어큐뮬레이터 체적의 최적 활용을 얻기 위해, 다음과 같은 선-충진 압력을 추천 :**

에너지 저장을 위한 추천 값:

$$P_{0,t\,max} = 0.9 \cdot p_1$$

충격 흡수를 위한 값:

$$P_{0,t\,max} = 0.6\ to\ 0.9 \cdot p_m$$

(p_m = 자유 유량의 평균 작동 압력)

맥동 댐핑을 위한 값:

$$P_{0,t\,max} = 0.6 \cdot p_1$$

(p = 평균 작동 압력)

or

$$P_{0,t\,max} = 0.8 \cdot p_1$$

(여러 가지 작동 압력)

분리 부재(피스톤, 블래더, 다이어프램)가 작동하는 동안 유체 측 연결은 닿아서는 안 된다. 온도가 상승하면 가스 체적이 증가하므로, 가스의 선-충진 압력은 반드시 추천된 값을 사용하여 최대 작동 온도에서 결정되어야 한다.

주의
온도의 영향과 가스 선-충진 압력의 한계치를 주목바람 - 이것들은 여기서 고려하지 않았음

8.6 이상기체 상태로부터 편차의 계산

마지막 섹션에 표기된 상태방정식들은 가스의 상태가 이상적일 때만 적용된다. 그러나 다른 기체, 예를 들어 질소(도표)는 무엇보다도 고압에서 이상기체 법칙으로부터 벗어난다. 이와 같은 상태는 "실제" 또는 "실제 아님"으로 지징된다.

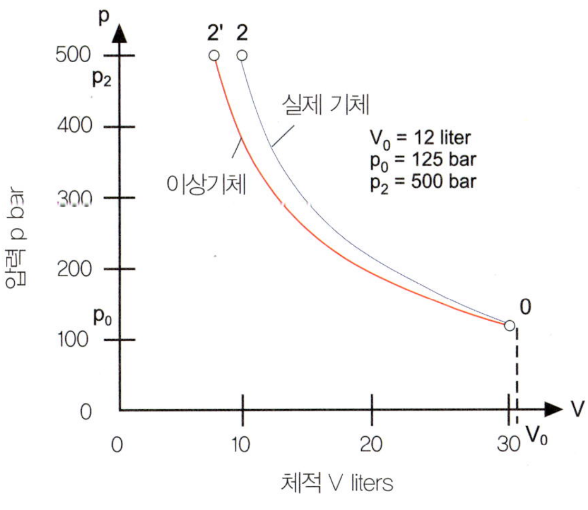

그림 | 이상기체 거동의 도표

"실제" 가스의 거동에 대한 압력, 온도와 부피(p, T, V)의 수학적 연관성은 사실상 근사적 계산 식으로만 나타낼 수 있다. 충분한 정확도로 이와 같은 식을 다루는 것은 아주 성가진 일이고 매우 긴 계산 시간과 노력이 요구되어, 강력한 컴퓨터의 도움으로만 다루어 질 수 있다. 그러므로 "실제"가스의 거동을 반영하는 교정된 매개변수의 제공은 꽤 유용하다.

이로써 상태의 등온 변화에서의 체적은 다음과 같이 표시된다.

$$V_{real} = C_i \cdot V_{ideal} \quad (9)$$

그리고 상태의 단열 변화는

$$V_{real} = C_a \cdot V_{ideal} \quad (10)$$

방정식 (9)와 (10)의 교정된 매개변수 Ci와 Ca는 도표에서 바로 찾을 수 있다.(압력비 p_2/p_1와 최대 작동 초과압력의 상관관계)

8.7 열 시간 응답의 계산

지금까지는 상태 변화의 유형을 결정하기 위해 대략적인 시간 제한 값만 주어졌다. 더 정확한 어큐뮬레이터의 설계를 위해서는, 열역학적 교환과정의 해석이 필수적이다. 특히 급속한 변화의 간헐적 작동 과정은 열 전달 강도에 영향을 받는다. 따라서 유압 어큐뮬레이터의 열 시간 응답의 표시와 평가에는 다음의 열 시간 상수를 사용한다.

$$\iota = c_v \cdot m / \alpha \cdot A \quad (11)$$

매개변수의 설명 : c_v = 일정한 체적에서의 비열 용량, m = 가스의 질량,
α = 열전달 계수, A = 열 전달 전체 면적

시상수는 약간의 실험적인 노력으로 알아낼 수 있다. 시상수와 선-충진 압력, 어큐뮬레이터 디자인과 크기 간에 상관관계가 있으므로, 시상수는 모든 개별 어큐뮬레이터 유형에서 실험적으로 연산할 수 있다. 각각의 디자인에 대한 실험 결과는 도표 (11)에서 보여준다. 각 어큐뮬레이터 유형의 다른 공칭 체적에 대한 선-충진 압력의 열 시상수를 찾을 수 있다.
이러한 시상수의 도움으로 주어진 충진 싸이클에 대한 시뮬레이션 프로그램을 실행할 수 있다.

8.8 ASP 소프트웨어에 의한 유공압 어큐뮬레이터의 치수 선정

ASP – Accumulator Sizing Program

그림 | ASP 소프트웨어

▸ ASP는 무엇인가?

- 어큐뮬레이터 설계(등온/단열)와 시뮬레이션

1. 사전선택
- 압력, 온도, 체적, 시간, 유량

2. 사이클 데이터
- 액추에이터와 펌프의 입력과 각각의 스위칭 on/ off 시간

3. 어큐뮬레이터 시뮬레이션/"실제" 가스 거동
- 도표 (압력 시간, 온도, 체적/시간, 압력/체적 그리고 압력/부피/작동의 도표들)
- 맥동 감쇠
- 압력 충격
- 체적 보상

▸ ASP는 무엇을 할 수 있는가?

각 어큐뮬레이터 적용 시 요구되는 가스 체적과 가스충진압력의 계산

- 충진과 방출 중의 가스 체적의 빠른/느린 변화
- 다른 유형의 어큐뮬레이터의 환경에 대한 열 전달이 좋음/나쁨
- 사용 가능한 온도 범위
- 액추에이터와 펌프 입력
- 맥동 감쇠의 요구사항
- 용적 변위의 연산
- 효율 등급

www.HYDAC.com에서 이용가능

9 안전 규칙

유압 어큐뮬레이터는 궁극적으로 모든 압력 어큐뮬레이터의 설계 및 작동의 안전과 관련된 수 많은 지시와 규칙을 반드시 따라야 한다. DGR(97/23/EC) 압력 기기 제품의 지시는 압력 어큐뮬레이터의 제조 및 유통과 관련된다. 반면에 GPSGV(제품과 기기의 안전 지시)는 EU의 지시를 독일의 법규로 번역되었다(14 GPSGV 압력 용기 법령). 작동에 중요한 규칙들에 초점이 잡혀 있다.

- Produkt und Gerätesicherheitsgesetz (제품과 기기의 안전지시)
- Betriebssicherheitsverordnung (독일 플랜트 안전 법령)
- AD 규칙서
- "What to do? People authorized for work on pressure vessels and pipelines"
- TRR
- Arbeitsstättenrichtlinie (작업장 법령)

물론 기술적 지시와 규정의 수량과 다양성 때문에 인터페이스 문제가 있다. 그러므로 각 항목들을 엄격히 고수하는 것은 매우 중요하다.

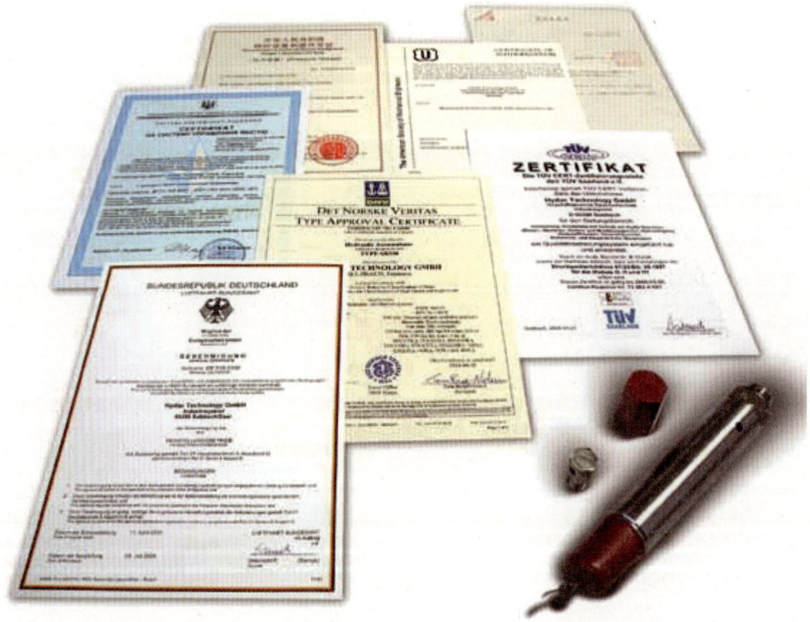

Notes

찾아보기

• 편저자 약력

이재천 계명대학교 기계자동차공학과

김동규 하이닥코리아(주) 대표이사

김석찬 하이닥코리아(주) 고문

유압 필터와 어큐뮬레이터 기술

발행일 | 2016년 08월 25일

편저자 | 이재천, 김동규, 김석찬

발행인 | 문정임

발행처 | 학사미디어

기 획 | 이덕선

표 지 | 박채린

편 집 | 박채린

주 소 | 서울특별시 노원구 동일로245가길 41

전 화 | 02-935-0670 / 010-3223-7340

팩 스 | 02-932-0670

이메일 | sorgento2000@hanmail.net

등록번호 | 제25100-2011-000001호

ISBN 979-11-85294-12-4 93550

정 가 | 18,000원

이 도서의 국립중앙도서관 출판예정도서목록(CIP)은 서지정보유통지원시스템 홈페이지(http://seoji.nl.go.kr)와 국가자료공동목록시스템(http://www.nl.go.kr/kolisnet)에서 이용하실 수 있습니다.(**CIP제어번호: CIP2016020025**)